Arbeitswelt Band 1

CAD in der Maschinenindustrie und im Architekturbüro

Auswirkungen auf die Arbeitswelt

Autoren:

Christoph Muggli / Wolf D. Zinkl

unter Mitarbeit von:
Tobias Studer, Ruedi B. Brandenberger,
Jürgen Wiegand

vdf Verlag der Fachvereine Zürich

Diese Publikation entstand im Rahmen des Nationalen Forschungsprogrammes 15 "Arbeitswelt: Humanisierung und technologische Entwicklung" des Schweizerischen Nationalfonds zur Förderung der wissenschaftlichen Forschung (Projekt-Nr. 4.650.83.15)

Christoph Muggli, Dr. oec. publ.
Stellvertretender Geschäftsleiter PLANCONSULT AG, Basel

Wolf D. Zinkl, lic. rer. pol.
Projektleiter PLANCONSULT AG, Basel

1985

© Verlag der Fachvereine
an den Schweizerischen Hochschulen und Techniken, Zürich

ISBN 3 7281 1483 9

Umschlaggestaltung: Fred Gächter, Grafiker ASG, Oberegg

Der Verlag dankt dem Schweizerischen Bankverein für die Unterstützung zur Verwirklichung seiner Verlagsziele.

Vorwort des Herausgebers

Mit der hier vorliegenden Arbeit eröffnen wir eine Publikationsreihe, die die Ergebnisse des Nationalen Forschungsprogramms ARBEITSWELT einer breiteren Oeffentlichkeit zugänglich machen soll. In dieser Reihe beabsichtigen wir vor allem praxis- und anwendungsorientierte Darstellungen der Forschungsarbeiten zu veröffentlichen; für die wissenschaftliche Auseinandersetzung haben die Forscher in der Regel ihre eigenen Kanäle. Innerhalb des thematischen Rahmens des Forschungsprogramms werden wir bis zu dessen Abschluss, im Herbst 1988, Ergebnisse aus den verschiedenen Projekten hier in unregelmässiger Folge publizieren. Die Forschungsbereiche und die einzelnen Forschungsvorhaben, aus denen sich die Publikationreihe zusammensetzen wird, sind am Schluss dieses Bandes kurz skizziert.

Wenn sich dieser erste Band mit CAD und dessen Auswirkung auf die Arbeitswelt in der Maschinenindustrie und im Architekturbüro befasst, so greift er die zentrale Fragestellung des Programms ohne Umweg auf. Im Ausschreibungstext wurde diese folgendermassen formuliert:"Wie kann - angesichts der Entwicklung neuer Technologien - die Arbeit derart gestaltet werden, dass sowohl dem Anspruch auf Lebensqualität der Arbeitenden als auch dem Produktivitätsanspruch gebührend Rechnung getragen wird?"

Die zum Teil sehr detaillierten Auswirkungsbeschriebe in diesem Bericht geben einem Anwender - oder einem, der es werden will - viele nützliche Hinweise, die es erleichtern, neben der Behandlung der in der Einführungsphase häufig dominanten technischen Problemen auch Aspekte der menschlichen Arbeitstätigkeit und der Arbeitsorganisation in die Gestaltung einzubeziehen.

Der Bericht zeigt auch, dass wir im Grunde genommen erst ganz am Anfang einer Entwicklung stehen, in der vorwiegend Insellösungen zur Anwendung kommen. Die viel gepriesene Integration etwa im Sinne von CAD/CAM oder CIM scheint vorläufig vor allem in den Prospekten der Hersteller ihre Verwirklichung gefunden zu haben. Einige Ergebnisse dieser Arbeit weisen aber bereits darauf hin, in welche Richtung eine zukünftig verstärkt integrierte Anwendung von grafisch-technischen und betriebswirtschaftlich-planerischen Informationssystemen über die Veränderung einzelner Arbeitstätigkeiten hinaus die Organisationsstrukturen beeinflussen wird.

Andreas Alioth

Programmleiter NFP "Arbeitswelt"

INHALTSVERZEICHNIS

Vorwort des Herausgebers	V
Vorwort der Autoren	XI

1. Einleitung

1.1 Computerunterstützte Mensch-Maschine-Systeme	3
1.2 Forschungslücke	5
1.3 Ziel der Studie	7

2. Untersuchungsmethodik

2.1 Auswahl Fallbeispiele	11
2.2 Abgrenzung des Zeithorizontes	14
2.3 Auswirkungsdimensionen	16
2.4 Informationsgewinnung	22

3. Technologische Grundlagen

3.1 Leistungssteigerung	27
3.2 Trend zu leistungsfähigen Personal Computern	29
3.3 Entwicklungsaussichten	31

4. Fallbeispiel 1: Maschinenindustrie

4.1 Ausgewählte Tätigkeiten	35
4.1.1 Modellbetrieb	35
4.1.2 Die Forschungs- und Entwicklungsabteilung (F + E)	37
4.1.3 Die Konstruktionsabteilung	42
4.1.4 Die Arbeitsvorbereitung (AVOR)	48
4.2 Technische Applikationen	52
4.2.1 Computertechnologie in der Maschinenindustrie	52

4.2.2 CAD-Systembeschrieb	54
4.2.2.1 Systemmerkmal	54
4.2.2.2 Hardware	56
4.2.2.3 Software	63
4.2.2.4 Entwicklungstrends	66
4.2.3 Anwendungen in der Maschinenindustrie	68
4.2.3.1 Betriebliche Voraussetzungen	68
4.2.3.2 Anwendungsmöglichkeiten in den einzelnen Abteilungen	71
4.3 Auswirkungsbeschrieb	**75**
4.3.1 Methodische Vorbemerkungen	75
4.3.2 Veränderung der Arbeitsinhalte	76
4.3.2.1 Verlagerung der Tätigkeiten	76
4.3.2.2 Produktivitätssteigerung dank Leistungsverdichtung	83
4.3.2.3 Mutation von Routinetätigkeiten	86
4.3.2.4 Anstieg des Abstraktheitsgrades	88
4.3.3 Veränderung der Arbeitsbedingungen	89
4.3.3.1 Selektive Stresszunahme	89
4.3.3.2 Leichte Einengung des arbeitszeitlichen Gestaltungsspielraums	92
4.3.3.3 Wenig Angst vor Kontrolle	93
4.3.3.4 Verschlechterung der Kommunikationsstrukturen	95
4.3.4 Betriebsorganisation	96
4.3.4.1 Organisation als Handlungsspielraum	96
4.3.4.2 Insellösungen bringen wenig Veränderungen	99
4.3.4.3 Integrationswirkung von Gesamtsystemen	102
4.3.5 Anforderungsprofil und Qualifikation	106
4.3.5.1 Neues Fähigkeitsprofil	106
4.3.5.2 Technologieorientierte Ausbildungsanforderungen	111
4.3.5.3 Selektiv verminderte und (erhöhte?) Aufstiegschancen	115
4.4 Konklusionen	**117**

4.4.1 Die wichtigsten Punkte	117
4.4.2 Ansatzpunkte für die Steuerung	120

5. Fallbeispiel 2: Die Architekturbranche

5.1 Ausgewählte Tätigkeiten	131
5.1.1 Der Modellbetrieb	131
5.1.2 Die Abteilungen	132
5.1.2.1 Die Entwurfsabteilung	132
5.1.2.2 Die Ausführungsabteilung	137
5.1.2.3 Die beigezogenen Fachingenieure	142
5.2 Technische Applikationen	150
5.2.1 Computertechnologien im Architekturbereich	150
5.2.2 CAD-Systeme für die Architekturbranche	154
5.2.2.1 Hardware	155
5.2.2.2 Software	156
5.2.3 Entwicklungstrends	158
5.2.4 Spezifische CAD-Anwendungen	160
5.2.4.1 Anwendung in der Entwurfsabteilung	161
5.2.4.2 Anwendung in der Ausführungsabteilung	162
5.2.4.3 Anwendung bei den beigezogenen Fachingenieuren	163
5.3 Auswirkungsbeschrieb	164
5.3.2 Arbeitsinhalt	164
5.3.2.1 Verlagerung der Tätigkeiten	164
5.3.2.2 Veränderte Denkweisen	170
5.3.2.3 Zunahme der Leistungsanforderungen	172
5.3.3 Arbeitsbedingungen	174
5.3.3.1 Unterschiedliche Stresszunahmen	174
5.3.3.2 Ausdehnung der potentiellen Arbeitszeit	177
5.3.3.3 Gezieltere Sozialkontakte	179
5.3.3.4 Vereinfachte Kontrollmöglichkeit	181

- 5.3.4 Betriebsorganisation — 182
  - 5.3.4.1 Wenig organisatorische Veränderungen: die Insellösung — 183
  - 5.3.4.2 Bedeutendere organisatorische Veränderungen: der integrierte Einsatz — 185
- 5.3.5 Ausbildung — 188
  - 5.3.5.1 Verschobenes Fähigkeitsprofil — 188
  - 5.3.5.2 Gestiegene Ausbildungsanforderungen — 190

5.4 Konklusionen — 196
- 5.4.1 Die wichtigsten Punkte — 196
- 5.4.2 Ansatzpunkte für die Steuerung — 199

6. <u>Zusammenfassende Thesen</u> — 207

Literaturverzeichnis — 219

Vorwort der Verfasser

Das vorliegende Projekt wurde im Rahmen des Nationalen Forschungsprogrammes "Arbeitswelt" erarbeitet. Ursprünglicher und offizieller Titel des Projektes lautete: "Szenarien und deren Beurteilung zur Einführung von computerunterstützten Mensch-Maschine-Systemen". Darin kommt die Intention zum Ausdruck, unterschiedliche Entwicklungsmöglichkeiten im Bereich von Computeranwendungen aufzuzeigen. Im Laufe der Projektbearbeitung konnte dann festgestellt werden, dass das Thema in dieser Form an den realen Problemen vorbeizielt. Es sind nämlich im engeren Sinne keine Szenarien auszumachen, die sich grundlegend unterscheiden würden. Aufgrund dieses Lernprozesses wurde das Projekt modifiziert.

Geblieben ist indes der Anspruch, einen relativ breiten Ueberblick über die möglichen Auswirkungen neuer computerunterstützter Mensch-Maschine-Systeme, insbesondere von CAD-Systemen, zu geben. Wir verfolgen damit nicht zuletzt den Zweck, Vorleistungen für eine bei uns noch kaum geführte Diskussion zu liefern. Insofern hoffen wir auf eine Eisbrecherfunktion in der vorliegenden Arbeit. Abgeschlossen wurde das Projekt im Dezember 1984.

Das Projekt konnte nur realisiert werden, weil uns eine ganze Reihe von Personen mit Auskünften und Interviews zur Verfügung gestanden sind. Wir möchten an dieser Stelle allen Firmen und Einzelpersonen danken, die durch ihre bereitwillige Unterstützung zur Entstehung des vorliegenden Berichtes beigetragen haben.

Ch. Muggli
W.D. Zinkl

Basel, im Juli 1985

1. Einleitung

1.1 Computerunterstützte Mensch-Maschine-Systeme

(1) Die Computertechnologie durchdringt Wirtschaft und Gesellschaft in einer Geschwindigkeit, die ihresgleichen sucht. Was gestern noch als Utopie galt, rückt heute schon in greifbare Nähe. Das Phänomen Computer ist je länger desto mehr für den Einzelnen kein abstrakter Technologiebegriff mehr; der Computer wird vielmehr täglich erlebbar. Fast jedermann ist in der einen oder anderen Form betroffen.
Auch in der Arbeitswelt dürften sich computerunterstützte Mensch-Maschine-Systeme rasant verbreiten. Realistische Prognosen rechnen damit, dass längerfristig rund die Hälfte aller Arbeitsplätze mit "programmgesteuerten Arbeitsmitteln" ausgerüstet sein wird. Zum Vergleich: 1979 war in der Bundesrepublik Deutschland nur gerade jeder fünfte Erwerbstätige an einem solchen Arbeitsplatz tätig (Stooss/Troll 1982).

(2) Möglich gemacht haben diese Entwicklungen (und die erwarteten Zukunftsperspektiven) die Fortschritte in der Mikroelektronik. Miniaturisierung, Leistungsverdichtung und eine ganz enorme Verbilligung haben die Mikroelektronik zu Eigenschaften verholfen, die (fast) überall dort eingesetzt werden können, wo eine "Uebertragung von Denkfunktionen" (Dostal 1982) überhaupt möglich erscheint.
Um einen Eindruck des Leistungsvermögens zu vermitteln, wird vielfach die Entwicklung in der Computertechnologie auf die Automobiltechnik übertragen (z.B. Schnörr 1980). Hätten die Automobile in den letzten 30 Jahren die gleichen Fortschritte gemacht, so würde ein Mittelklassewagen nur noch Fr. 10.-- kosten, eine Spitzengeschwindigkeit von rund 100'000 km/h aufweisen, für 5'000 Personen Platz bieten und dabei erst noch einen Verbrauch von lediglich 0,5l/100 km aufweisen.
Und was wichtig ist: Die Entwicklung geht vorläufig in ähnlichem Tempo weiter.

(3) Die Mikroelektronik verfügt damit über die besten Voraussetzungen für eine <u>Basis- oder Schlüsseltechnologie</u> (Friedrichs 1982) - vergleichbar etwa mit der Elektrizität oder dem Automobil. Das hohe Leistungs-/Preisverhältnis und die vielfältigen Anwendungsmöglichkeiten haben eine schnelle Verbreitung zur Folge. Was die Mikroelektronik aber ebenfalls zur Basistechnologie stempelt, ist die Tatsache, dass hiermit Funktionen automatisierbar sind, die sich bis anhin der technikbedingten Rationalisierung weitgehend zu entziehen vermochten.

(4) Schon allein mit relativ bescheidenen Personal-Computern sind Rechenoperationen möglich, die weit über das hinausgehen, was ältere Grosscomputer leisteten. Mit den <u>Möglichkeiten</u> des CAD (Computer Aided Design) dringt der Computer zudem in Tätigkeiten von Ingenieuren, Entwurfskonstrukteuren und Zeichnern vor. Und mittels CAP (Computer Aided Planning) können Planungsaufgaben unterstützt, wenn nicht sogar weitgehend automatisiert werden. Ganz zu schweigen von vollintegrierten Systemen wie CIM (Computer Integrated Manufacturing) oder zu deutsch: die vollautomatisierte Fabrik.

(5) Angesichts solcher Aussichten sind auch nicht unbedeutende <u>Auswirkungen</u> auf Wirtschaft und Gesellschaft zu erwarten (für viele: Friedrichs/Schaff 1982, Niemann et al. 1983). Nebst den Auswirkungen im Makrobereich - wie etwa dem technologisch bedingten Strukturwandel - gibt es Veränderungen, die sich auf der Ebene des einzelnen Arbeitsplatzes abspielen. Durch den vermehrten Einsatz von technischen Hilfsmitteln und die breite Anwendung gibt es mehr Berührungspunkte zwischen Mensch und Maschine. Und dieser zu erwartende Wandel an der Schnittstelle von Mensch-Maschinen-Systemen soll mit dem vorliegenden Projekt am Beispiel von CAD-Anwendungen näher ausgeleuchtet werden.

1.2 Forschungslücke

(1) Was die Auswirkungen anbelangt, lassen sich in der <u>Literatur</u> schon einige Aussagen finden. Man kann z.Zt. von einer eigentlichen Inflation solcher Beiträge sprechen. Bei einer genaueren Analyse zeigt sich jedoch, dass die vermuteten Effekte neuer Technologien meist doch nur sehr global oder aus einem sehr spezifischen Blickwinkel abgeschätzt werden. Dies sei hier angemerkt, ohne diese Beiträge einer Wertung zu unterziehen.
Immerhin ist zu erwähnen, dass eine ganze Reihe von Untersuchungen durchgeführt wurden, die die direkten und indirekten Arbeitsplatzeffekte zum Inhalt haben.

(2) Ein Schwerpunkt der bisherigen Diskussion bildet indes der <u>quantitative Aspekt</u>, die Frage also, inwieweit die neue Technologie Arbeitsplätze vernichtet oder eben auch schafft. Hierzu gehört in der Schweiz die Prognos-Studie über die "Auswirkungen der technischen Entwicklung in der Mikroelektronik auf Wirtschaft und Arbeitsmarkt in der Schweiz" (Browa et al. 1984). Die Studie kommt zum Schluss - dies sei am Rande angemerkt - dass bis 1990 der technisch bedingte Arbeitsfreisetzungseffekt durch das allgemeine Wachstum mehr als kompensiert wird. Allerdings, und dies ist nicht ganz unwichtig, bei relativ optimistisch angenommenen gesamtwirtschaftlichen Prämissen.

(3) Im Zusammenhang mit der vorliegenden Studie sind die Ergebnisse hinsichtlich einzelner <u>Tätigkeitsfelder</u> wichtiger. Ein zunächst nicht weiter differenziertes Resultat ist, dass die Angst vor einer allgemeinen Dequalifizierung unbegründet sei (Browa et al. 1984, S. VIII). Glaubt man den Ergebnissen, dann würden die Erwerbstätigen der unteren und mittleren Qualifikationskategorien abnehmen (- 43'000), derweil die Erwerbstätigen der höheren und höchsten Qualifikationsgruppen einen Zuwachs zu verzeichnen hätten (+ 69'000).

(4) <u>Ausländische Studien</u>, z.B. aus der Bundesrepublik Deutschland, kommen z.T. zu ähnlichen Schlussfolgerungen wie ihr schweizerisches Pendant (Dostal 1982). Allerdings sind die methodischen Probleme hier wie drüben so ausgeprägt, dass hinter die Resultate vielfach ein Fragezeichen gesetzt werden muss. Zum einen macht die Abgrenzung des Technik-Begriffs und v.a. die Isolierung des Technik-Einflusses Probleme. Zum anderen beruhen die quantitativen Aussagen auf ex-post-Analysen. Eine Uebertragung auf die Zukunft ist, weil sich die Technik-Applikationen so schnell entwickeln, dann aber nur beschränkt möglich.

(5) Schliesslich sind Beiträge verfügbar, die sich mit den <u>qualitativen Auswirkungen</u> auf die Arbeitsplätze auseinandersetzen. Es würde hier zu weit führen einen Gesamtüberblick zu vermitteln (verwertbare Resultate werden an entsprechender Stelle verarbeitet). Auf drei Gruppen sei aber bereits hier hingewiesen:
- Da ist zunächst einmal die Literatur, die sich mit <u>einer</u> Technologieanwendung befasst. Naturgemäss betrifft dies vorab Technologien, die bereits in grösserem Ausmass eingesetzt werden, so z.B. Industrieroboter im Produktionsbereich (hierzu etwa Mickler et al.)
- Neuerdings gibt es einige Studien, die sich namentlich mit CAD/CAM-Systemen in der deutschen Maschinenindustrie auseinandersetzen (vgl.Roth 1983, Wingert et al. 1984, Hoss 1983). Einschlägige Arbeiten werden im vorliegenden Projekt zum Teil verarbeitet.
- Eine letzte Gruppe umfasst Publikationen mit normativwertendem Charakter, solche mit einem explizit definierten Interessenstandpunkt. Es ist naheliegend, dass vorab von gewerkschaftlicher bzw. Arbeitnehmerseite einschlägige Erfahrungsberichte oder Zukunftseinschätzungen vorliegen. Als Beispiel mag der relativ umfassende Reader "Leitfaden für Arbeitnehmer - humane Arbeit" (Zimmermann 1983) gelten. Aber auch partielle Ansätze, die sich auf wenige Branchen beziehen, gehören dazu (SMUV-GBH 1982, IG Bau- Steine-Erden o.J.)

(6) Im Hinblick auf das vorliegende Projekt kann folgendes <u>zusammengefasst</u> werden:
Aus der Literatur lassen sich einige Aussagen zu den Auswirkungen neuer Technologien im Arbeitsprozess extrahieren. Viele Beiträge sind aber, wenn sie prospektiv sind, relativ ungenau und stützen sich vielfach auf

wenig abgesicherte persönliche Einschätzungen. Dies
manifestiert sich u.a. darin, dass die Meinungen darüber, welche konkreten Auswirkungen nun wirklich zu erwarten sind, zum Teil kontrovers sind. Hinzu kommt die
Tatsache, dass es an gut begründeten Einschätzungen insbesondere dort fehlt, wo die Technik zur Zeit am schnellsten Fortschritte macht und entsprechende Computersysteme
nur partiell oder in einem veralteten Standard gebraucht
werden.
Hier setzt das vorliegende Projekt ein. Es will für
ausgewählte Anwendungsgebiete "plausible" Auswirkungen
aufzeigen.

1.3 Ziel der Studie

(1) Unter Berücksichtigung des Gesagten kann somit, im
Sinne einer **Ausgangsbasis**, folgendes unterstellt werden:

1. Die heute verfügbaren und die z.Z. in Entwicklung stehenden Technologieanwendungen werden die Arbeitsplätze einzelner Tätigkeitsbereiche ganz entscheidend verändern.
2. Bis heute gibt es keine Studien, die diesen Problemkreis im Hinblick auf die neuesten Entwicklungen genügend breit abdecken.
3. Die meisten Ergebnisse sind das Produkt einer Gesamtbetrachtung, eher selten steht das Individuum am Arbeitsplatz im Vordergrund.

(2) Grundsätzliches **Ziel** der vorliegenden Arbeit ist
es, diese Lücken - zumindest ansatzweise - zu füllen
und mögliche Veränderungen an der Schnittstelle Mensch-Maschine aufzuspüren. Der Bericht ist wie folgt gegliedert:

- Zunächst sind in Kapitel 2 einige methodische Bemerkungen angebracht. Sie sollen die Studie inhaltlich
  und v.a. methodisch eingrenzen.

- Kapitel 3 bringt sodann einen kurzen Ueberblick über
  die wichtigsten technologischen Entwicklungen, die
  die Grundlage der genauer untersuchten Technikanwendungen sind.

- Anschliessend werden zwei Fallstudien präsentiert, und zwar die Maschinenindustrie (Kap. 4) und das Architekturbüro (Kap. 5). Darin enthalten sind jeweils die heutige, tätigkeitsbezogene Ausgangslage, die wichtigsten Technikanwendungen, deren Auswirkungen auf die Arbeitsplätze sowie die Ansatzpunkte für mögliche Handlungsoptionen.

- In Kapitel 6 finden sich schliesslich einige Thesen, die sich zusammenfassend aus den Branchen-Fallbeispielen ergeben.

2. Untersuchungsmethodik

(1) Das breite Spektrum der angesprochenen Fragen muss weiter eingegrenzt werden. Neben inhaltlichen Kriterien sind hierzu insbesondere methodische Einschränkungen zu berücksichtigen, die die Studie genauer definieren.

(2) Es sind daher schon von Beginn an gewisse Festlegungen zu treffen. Diese werden im folgenden kurz diskutiert. Es handelt sich dabei um vier Schwerpunkte:

- Auswahl der Fallbeispiele
- Abgrenzung von Zukunftsperspektiven
- berücksichtigte Auswirkungsdimensionen
- Informationsgewinnung

2.1 Auswahl der Fallbeispiele

(1) Aus sachlichen und methodischen Gründen kann die vorliegende Studie keine repräsentative, über das gesamte Wirtschaftsgefüge Schweiz gültigen Aussagen zum Ziel haben. Es sollen vielmehr anhand von in sich abgegrenzten Systemen die Auswirkungen aufgezeigt und beurteilt werden. Die Studie hat somit Fallbeispiel-Charakter. Damit erhalten die Auswahlkriterien und die effektive Wahl ein besonderes Gewicht.

(2) Bei der Auswahl stand die Ueberlegung Pate, dass die Fallbeispiele ein möglichst breites Spektrum abdecken sollten. Im einzelnen wurden etwa folgende Anforderungen gestellt:

- Technische Applikationen mit hoher Zukunftsrelevanz;
- Vergleich der Anwendungen in verschiedenen Branchen;
- Tätigkeiten sollten in der Schweiz in relevanter Grössenordnung vertreten sein;
- Einbezug der untersten, ausführenden Hierarchiestufe.

Und schliesslich gibt es ein ganz pragmatisches Kriterium: Die Projektbearbeiter sollten einen guten Zugang zu Informationsquellen haben.

(3) Aufgrund dieser Kriterien schälten sich <u>zwei Bereiche</u> heraus, aus denen relevante Tätigkeitsfelder ausgesucht werden konnten:
- die Maschinenindustrie und
- das Architekturbüro.

(4) Gegenstand der Untersuchung sind <u>Tätigkeiten</u> und Aufgaben, die von Personen in Betrieben erledigt werden. Primärer Ansatzpunkt ist also der Arbeitsplatz, eingebettet in die betriebliche Organisation. Im Detail spielt natürlich auch der Beruf bzw. die Ausbildung der Erwerbstätigen eine Rolle - was im Sinne der Qualifikationsstruktur auch zu berücksichtigen ist. Schwergewicht wird aber auf die konkrete, im Alltag anfallende Tätigkeit gelegt.
In den zwei Untersuchungsbranchen wurden einzelne Funktionen ausgewählt, die ablauforganisatorisch in einer engen Beziehung stehen. Damit kann gewährleistet werden, dass technologiebedingte Veränderungen im Arbeitsablauf - und die entsprechenden Rückwirkungen auf den Arbeitsplatz - miterfasst werden.

(5) In der <u>Maschinenindustrie</u> sind es primär Funktionen, die durch CAD, an der Schnittstelle zur Produktion auch durch CAM, beeinflusst werden. Ausgewählt wurden zunächst drei Abteilungen

- die Forschung und Entwicklung, umfassend die Grundlagenforschung und die anwendungsorientierte Entwicklung;
- die Konstruktion mit Produktgestaltung und -berechnung sowie der Erstellung von Detailplänen;
- die Arbeitsvorbereitung (AVOR), umfassend die Fertigungspläne und Fertigungssteuerung.

(6) Das Architekturbüro hat einen - im Vergleich zur Industrie - erheblich engeren Tätigkeitsbereich. Es ist deshalb möglich, einen Grossteil der planerischen Architektur-/Ingenieuraufgaben abzudecken, wobei allerdings eine Einschränkung auf den Hochbau vorgenommen wird. Es werden berücksichtigt:

- der Entwurf mit den Aufgaben Entwerfen und Erstellung des Leistungsbeschriebs;

- die Ausführung, umfassend die Ausführungsplanung und Erarbeitung der Ausführungspläne;

- die Bauingenieurleistung mit der statischen Berechnung und der Ausarbeitung der Armierungs- und Schalungspläne.

2.2 Abgrenzung des Zeithorizonts

(1) Das vorliegende Projekt hat auch einen zukunfts-
gerichteten Einschlag, sollten doch Aussagen über Entwicklung und Auswirkungen neuer Technologien gemacht
werden. Die Methode, die zur Informationsgewinnung und
-verarbeitung herangezogen wird, muss deshalb diesem Anspruch genügen. Als Fallstrick erweist sich dabei, dass
gerade in diesem Bereich Resultate, welche auf ex-post-
Analysen beruhen, nur sehr rudimentär auf die Zukunft
übertragen werden können und eine eigentliche Prognose
lässt sich schon deshalb nicht durchführen, weil die
Verursachungsvariable, die Technik, einer ständigen Wei-
ter- bzw. Neuentwicklung unterworfen ist.
Weil die Zukunft mit diesem recht hohen Unsicherheits-
faktor behaftet ist, kann eigentlich nur eine "weiche
Methode" weiterhelfen. Eine Methode auch, bei der nicht
exakte Ergebnisse angestrebt werden, sondern "plausible" Resultate erwartet werden können.

(2) Die Wahl fiel deshalb zunächst auf die Szenario-
Methode, welche ursprünglich auf Hermann Kahn zurück-
geht und heute in den verschiedensten Bereichen angewendet wird (vgl. etwa Gomez/Escher 1980, Agustoni 1983).
Mit dem Szenario kann ein Zukunftsbild gezeichnet werden, wie es möglicherweise eintritt. Meist werden deshalb alternative Szenarien aufgestellt, die sich durch
unterschiedliche Grundannahmen unterscheiden.

Im Laufe der Arbeiten hat sich dann gezeigt, dass die
eigentliche Szenario-Methode der Problemstellung wenig
angepasst ist. Erste Erfahrungen können nämlich bereits
heute ausgewertet werden. Diese weisen darauf hin, dass
zwar im Einzelnen unterschiedliche Anwendungsmöglichkeiten bzw. Optionen bestehen (vgl. unten), ausserdem
aber wenig Variablen vorhanden sind, die grundsätzlich
verschiedene Szenarien zu definieren vermögen. Oder ein
bisschen überspitzt ausgedrückt: Die neue Technologie
wird in Zukunft in den Betrieben eingesetzt, lediglich
das Einführungstempo variiert.

(3) Der nun gewählte Weg lehnt sich zwar an der Szenario-Methode an, ist aber pragmatischer. Aufgrund der zur Verfügung stehenden Unterlagen sowie der mit einer recht grossen Anzahl Personen geführten Gespräche (vgl. unten) werden die heute beobachtbaren Auswirkungen beschrieben und z.T. in die Zukunft weiter projiziert.

(4) Es wäre indes verfehlt, von der Annahme auszugehen, dass sich die Auswirkungen quasi eindimensional einfangen lassen - etwa im Sinne der früher meist unterstellten Dichotomie zwischen Automatisierung einerseits und Humanisierung andererseits. Es gibt vielmehr Anzeichen dafür, dass gerade neuere Technologien auch die Eigenschaften besitzen, diesen klassischen Widerspruch - mindestens teilweise - zu überbrücken, also wirtschaftliche Notwendigkeiten in Einklang mit arbeitsplatzbezogenen Humanisierungsforderungen (RKW 1983, S.5410) zu bringen.

Eröffnet die Computertechnologie tatsächlich Optionen (Ulich 1980), müssen die entsprechenden Handlungsspielräume aufgezeigt werden. Insbesondere auf einem sehr konkreten Niveau der Anwendung besteht vielfach die Möglichkeit, die eine oder andere Anwendungsart zu wählen. Es kann mithin Entscheidungssituationen geben, die auf die Auswirkungen durchschlagen.
Solche arbeitsorganisatorische Gestaltungsspielräume gilt es zweifach zu erfassen. Zum einen sind sie ein Anwendungsspektrum innerhalb des Auswirkungsbeschriebs. Zum anderen sind solche Handlungsmöglichkeiten aber gerade auch Ansatzpunkte für die "positive" Beeinflussung der Technikanwendung.

(5) Was nun den Zeithorizont der Analyse betrifft, kann entsprechend dem oben dargelegten Forschungsansatz keine konkrete Festlegung getroffen werden. Die Durchsetzungsgeschwindigkeit ist kein zentrales Thema der vorliegenden Studie - auch wenn am Rande die Einführungsgründe miterfasst werden. Es ist daher auch nicht möglich, die Auswirkungstatbestände zeitlich zu fixieren. Der Beschrieb beschränkt sich auf Aussagen der Art: Wenn diese Technik eingesetzt wird, dann sind die und die Auswirkungen zu erwarten.
Trotzdem drängt sich eine ganz grobe Abgrenzung auf, die im folgenden zumindest eine implizite Verwendung

findet. In diesem Sinne gehen wir von einem ungefähr 10-jährigen Zeitraum aus. Diese relativ kurze Periode ergibt sich aufgrund der Schnellebigkeit der Technologieanwendung. Wer hat vor 20 Jahren (das war 1964!) auch nur im entferntesten an die Möglichkeit eines Personal-Computers gedacht, wie er heute zu tiefsten Preisen in jedem Warenhaus angeboten wird.

2.3 Auswirkungsdimensionen

(1) Für die Untersuchung, welche zwei Branchenstudien umfasst, muss eine <u>koordinierte Sicht</u> möglicher und zu beleuchtender Auswirkungstatbestände vorgegeben werden. Dies erfolgt anhand einer Indikatorenliste, die den Charakter eines Leitfadens hat. Damit steht ein Instrument zur Verfügung, das sowohl als Raster für den Auswirkungsbeschrieb als auch für die Gesamtbeurteilung gelten kann. Es ist dabei allerdings nicht die Meinung, dass dies Kriterium durch die ganze Studie konsequent durchgezogen bzw. in beiden Fallbeispielen gleichrangig behandelt wird.

(2) Die <u>Indikatorenliste</u> (Fig. 2/1) gibt den Rahmen an, innerhalb dessen sich die Studie bewegt. Die aufgeführten Kriterien versuchen, den Gesamtkomplex in einzelne Teile zu gliedern. Es ist dabei kaum zu vermeiden, dass einzelne Indikatoren miteinander in einer engen wechselseitigen Beziehung stehen. Vielfach handelt es sich um kausale Abhängigkeiten, wie etwa beim "Sozialkontakt", der weitgehend durch die Betriebsorganisation beeinflusst wird.
In der Folge werden die vier Gruppen von Indikatoren kurz beschrieben. Dies soll die Intention, die der jeweiligen Auswirkungsdimension zugrunde liegt, besser verständlich machen.

Indikatorengruppe 1: Arbeitsinhalt

(1) Hierzu gehören alle Kriterien, die sich direkt auf die Tätigkeit, oder allgemeiner, den Arbeitsinhalt beziehen. Zunächst gehört dazu die Frage, welche Tätigkeitsfelder und Arbeitsobjekte einer Veränderung unterworfen sind. Im Indikatorenkatalog nicht aufgeführt, und nur im engen Zusammenhang mit betriebsorganisatorischen Aspekten verwendbar, sind dabei die Beschreibungsdimensionen Aufgabenbereicherung (Job enrichement) und Aufgabenvergrösserung (Job enlargement). Bei der Aufgabenbereicherung geht es um die vertikale Dimension des Tätigkeitsspielraums (für viele Ulich 1978a, S. 189); z.B. die Integration von verschiedenartigen Tätigkeitselementen wie Planungs-, Ausführungs- und Kontrollaufgaben. Demgegenüber bedeutet Aufgabenvergrösserung, dass mehrere gleichartige Tätigkeitselemente aneinandergereiht werden (Ulich 1978a, S. 189).

(2) Direkt auf die Tätigkeit bezogen sind auch die Fragen nach

- der Art der Belastung (verschiebt sie sich von manuellen zu intellektuellen Arbeiten?)
- der Leistungsverdichtung (ist infolge der Einführung, eines neuen Computersystems eine höhere Arbeitsmenge zu bewältigen?)
- der Monotonie/Routine (nehmen Routinearbeiten bzw. monotone Tätigkeiten zu oder ab?)

Als Beurteilungskriterien sind schliesslich im Zusammenhang mit dem Arbeitsinhalt Fragen wie die folgenden von Bedeutung (vgl. Troy 1981, S.48):

- Können Zusammenhänge durchschaut werden?
- Sind die Folgen des eigenen Handelns voraussehbar?
- Können die Abläufe bzw. Prozesse beeinflusst werden?

Fig.2/1

Indikatorenliste

1. **Arbeitsinhalt**

1.1 Tätigkeit
1.2 Arbeitsobjekt
1.3 manuelle/intellektuelle Belastung
1.4 Leistungsverdichtung
1.5 Monotonisierung/Routinisierung
1.6 Durchschaubarkeit
1.7 Vorhersehbarkeit
1.8 Beeinflussbarkeit

2. **Arbeitsbedingungen**

2.1 Kontrollierbarkeit
2.2 Firmenabhängigkeit
2.3 Arbeitszeitgestaltung
2.4 Stress
2.5 Sozialkontakte
2.6 Arbeitsrhythmus
2.7 Produktdistanz
2.8 Partizipation
(2.9 Ergonomie/Belästigung/Schädigung)

3. **Betriebsorganisation**

3.1 Grad der horizontalen Arbeitsteilung
3.2 Horizontale Uebernahme/Abgabe von Teilfunktionen
3.3 Delegation von ausführenden Tätigkeiten nach unten/
    Uebernahme ausführender Tätigkeiten von oben
3.4 Delegation disponierender Tätigkeiten nach unten/
    Uebernahme disponierender Tätigkeiten von oben
3.5 Uebernahme (Absorption) von Teilfunktionen von unten

4. **Veränderung des Anforderungsprofils**

4.1 Ausweitung Tätigkeit im Rahmen des bisherigen
    Anforderungsprofils
4.2 Reduktion/Ausweitung des Anforderungsprofils (aus-
    bildungsorientiert)
4.3 Verminderung/Ausweitung des Anforderungsprofils
    (Qualität/Kreativität)
4.4 Individuelle Entwicklungsmöglichkeiten

Indikatorengruppe 2: Arbeitsbedingungen

(1) Zu dieser Gruppe sind Effekte zu zählen, die gewissermassen als "Rückwirkungen auf die einzelnen Personen" auftreten. Dazu gehören Fragen nach der Kontrollierbarkeit (etwa durch on-line-Erfassung von Leistungsparametern), der infolge der neuen Technologie möglicherweise zunehmenden Firmenabhängigkeit, aber auch Möglichkeiten der Arbeitszeitgestaltung (besteht z.b. eine Tendenz, wiederum Schichtarbeit einzuführen?). Oder wie sind die Auswirkungen hinsichtlich Stress und den zwangsläufigen, arbeitsbedingten Sozialkontakten zu beurteilen?

(2) Eine schon fast "traditionelle" Fragestellung betrifft den Arbeitsrhythmus. Seit der Einführung von Fliessbändern, die im höchsten Masse den Arbeitsrhythmus bestimmen, hat diese Frage immer wieder zu Diskussionen Anlass gegeben. Oder verfügen gerade die neueren Technologien über das Potential, Mensch und Maschine zu entkoppeln (Staudt 1982)?

(3) Mit Hilfe von Computertechnologien kann die Wirklichkeit modellmässig abgebildet werden. Das kann - so eine Hypothese - dazu führen, dass die Produktdistanz zunimmt. "Mit Produktdistanz soll die psychologische Distanz zwischen dem Beschäftigten und dem von ihm hergestellten Produkt bzw. Zwischenprodukt bezeichnet werden" (Ulich/Baitsch/Alioth 1983, S.22).

(4) Hier ist allenfalls auch zu fragen, in welcher Weise neue Technologien implementiert werden. Insbesondere interssiert, ob die im vorliegenden Projekt aufgenommenen Technikanwendungen eine Partizipation der Betroffenen bei der Einführung zulassen (vgl. Alioth 1976). Oder ist durch CAD auch dessen konkrete Anwendung bereits vorgegeben?

(5) Schliesslich müssen dieser Gruppe im Prinzip die ganzen Gebiete der Ergonomie sowie der physischen Belästigung und Schädigung zugerechnet werden. Diese Aspekte sollen - obwohl sehr wichtig - im vorliegenden Projekt nur am Rande behandelt werden, und dies aus zwei Gründen:

- Zum einen müssten hier Untersuchungen durchgeführt werden, die anderen wissenschaftlichen Kriterien zu genügen hätten. Solche Aussagen sind deshalb der gewählten Methode nur beschränkt zugänglich.
- Zum anderen gibt es schon eine Reihe gut fundierter Beiträge zu diesen Themen, insbesondere zur Ergonomie (Spinas/Troy/Ulich 1983, Novotny 1982).

(6) Bei den meisten (aber nicht allen) der obigen Kriterien spielen naturgemäss nicht nur beobachtbare, sondern auch subjektive Einschätzungen eine entscheidende Rolle. Es besteht mithin die Gefahr, dass gewissermassen "von oben herab" festgelegt wird, wie der einzelne zu empfinden hat und was er - als Forschungsobjekt - als humaner Arbeitsplatz zu erleben hat. Ganz krass kommt dies zum Ausdruck in der Aussage einer durch Humanisierungsanstrengungen Betroffenen, die sich wie folgt widersetzte: "Ich will nicht humanisiert werden" (zit. nach E. Michel-Alder 1980, S.24). Oder auch wissenschaftlicher ausgedrückt: Das Abstellen auf ein - nicht weiter hinterfragtes - Bedürfniskonzept, kann zu groben Fehleinschätzungen führen (vgl. auch Müller 1983).

Indikatorengruppe 3: Betriebsorganisation

(1) Betriebsorganisatorisch können sich zunächst horizontale Veränderungen ergeben. Hierzu gehört etwa, dass sich der Grad der Arbeitsteilung verändert. Das Schlagwort "Taylorisierung" vermag anzudeuten, welche Befürchtungen in diesem Zusammenhang geäussert werden. Systematisch und inhaltlich ist dieser Punkt eng gekoppelt mit dem Aspekt der Aufgabenerweiterung. Eine getrennte Behandlung drängt sich dennoch auf, sind doch organisatorische Bedingungen gerade eine wichtige Voraussetzung, ob eine Tätigkeit erweitert oder eben verengt wird.
Ein Zusammenhang besteht überdies mit der Arbeitszufriedenheit (Ulich 1983). Repräsentiert wird dieser Faktor implizit durch die Indikatoren der Gruppen Arbeitsinhalt und Arbeitsbedingungen. Auch hier gilt: die eingesetzte Technologie beeinflusst die Organisation, die ihrerseits die Arbeitszufriedenheit mitbestimmt.

(2) Was die vertikale Dimension der Betriebsorganisation betrifft, ist vorab zu klären, inwiefern eine Delegation bzw. Absorption von disponierenden und ausführenden Tätigkeiten stattfindet oder stattfinden kann. Im Vordergrund stehen zwei Fragen:

1. Welches sind die "normalerweise" zu erwartenden Wirkungen auf die Arbeitsorganisation in den Dimensionen "Delegation und Uebernahme von Funktionen"?

2. Können neue Computertechnologien dezentrale Strukturen und damit zusammenhängend allenfalls "flache Unternehmensstrukturen mit weniger hierarchischen Ebenen" (Ulich/Baitsch/Alioth 1983, S.35) fördern?

Es geht mithin um die Flexibilität der CAD-bedingten Aufbauorganisation bzw. darum, ob gegebenenfalls auch alternative Arbeitsformen anwendbar sind - so z.B. teilautonome Gruppen (Alioth 1980, 1983).

Indikatorengruppe 4: Anforderungsprofil

(1) Neue Computertechnologien verändern - nach der landläufigen Expertenmeinung - das Anforderungsprofil der Beschäftigten ganz erheblich. Diese Veränderung kann in verschiedene Dimensionen aufgesplittet werden:

- Inwiefern erweitert oder verengt sich die Tätigkeit innerhalb des bisherigen Anforderungenprofils?
- Sind andere Anforderungen, die sich nur mittels Ausbildung erwerben lassen, erforderlich?
- Aendern sich die Anforderungen hinsichtlich Kreativität und Qualität (z.B. Genauigkeit der erbrachten Arbeit)?
- Werden die individuellen Entwicklungsmöglichkeiten eingeengt oder gefördert?

(2) Auch hier stellt sich - im Kontext mit anderen Kriterien - wiederum die Frage nach den zugrunde gelegten individuellen Bedürfnissen. Was für den einen einer negativen Wertung bedarf, kann von einem anderen durchaus als Positivum eingeschätzt werden. Die Frage nach den Wirkungen muss somit ausgeweitet werden in dem Sinne, dass nach dem Gewinn oder Verlust von Flexibilitätspotential gefragt wird - etwa im Sinne des Ulich'schen Prinzips der differentiellen Arbeitsgestaltung (1978b).

2.4. Informationsgewinnung

(1) Die <u>Informationsgewinnung</u> ist der beschriebenen Methode angepasst. Es geht vorab darum, Materialien zu sammeln, die eine plausible Einschätzung der Auswirkungen zulassen, einer Beurteilung aus verschiedenen Gesichtswinkeln zugänglich sind und Ansatzpunkte für einen optimalen Einsatz der Technologien aufzeigen. Konkret beruhen die Aussagen auf zwei Quellen:

- der heute zugänglichen Literatur sowie
- "qualifizierten" Fach- und Betroffeneninterviews.

(2) Grundlage ist eine <u>Literaturauswertung</u>, die in den Auswirkungsbeschrieb integrativ verarbeitet ist. Aussagen aus der Literaturrecherche - wie kurz in Kap.1 angeschnitten - sind in den verschiedensten Bereichen enthalten, so etwa in

- den technologischen Grundlagen und Applikationen
- den arbeitsplatzbezogenen Auswirkungen
- den Handlungsmöglichkeiten.

(3) Darüber hinaus sind <u>Fachgespräche</u> geführt worden, und zwar mit vier Gruppen:

1. Hersteller: Aus dieser Gruppe stammen Auskünfte über heutige Systeme, deren Leistungsfähigkeit und Kosten, aber auch über die spezifischen Anwendungsmöglichkeiten und -voraussetzungen. Schliesslich stützen sich die Ausführungen über zukünftige Entwicklungstrends u.a. auf einschlägige Angaben ab.

2. Anwender: Gespräche mit Betroffenen einerseits und mit betriebsinternen Experten andererseits haben heutige Erfahrungen offengelegt. Ebenfalls liessen sich Hinweise auf Handlungsspielräume, Akzeptanzprobleme sowie Möglichkeiten (und Grenzen) derartiger Systeme ausmachen.

3. Aussenstehende Experten (Professoren, Berater, Journalisten usw.): Diese Gruppe vermochte zu den verschiedensten Aspekten etwas auszusagen. Neben der Vermittlung von Grundlageninformationen dienten diese Fachgespräche vorab der sachlichen Absicherung von sonstigen Informationen (sog. cross-checking).

4. Interessenverbände (Berufsverbände, Gewerkschaften): Hier ging es v.a. darum, eine interessenbezogene Beurteilung einschlägiger Gesprächspartner zu erfragen. Ebenso gehörten dazu Hinweise zu Ansatzpunkten für die "Lenkung" des optimalen Computereinsatzes.

3. Technologische Grundlagen

3.1 Leistungssteigerung

(1) Seit Beginn des Computer-Zeitalters hat sich nicht nur der Bestand der weltweit installierten Anlagen exponentiell ausgeweitet, sondern es sind auch die Leistungen pro investierte Einheit exponentiell gewachsen. Schon früh wurde das sog. Grosch'sche Gesetz entdeckt, welches besagt, dass der Logarithmus des Preis/Leistungs-Verhältnisses von Computern linear sinke (vgl. z.B. Knight 1968, S.31).

(2) Die Ursachen dieses einzigartigen Preiszerfalls von Computerleistung waren indessen nicht immer dieselben. In der Frühzeit des Computer-Zeitalters war es vor allem ein Technologieschub, welcher die Rechenleistung von Computern oder ihren Vorläufern zwischen 1941 (Zuse Z3) und 1950 auf rund das Fünftausendfache steigerte, ohne dass die Computerpreise sich nennenswert bewegt hätten (arbeitsintensive Einzelfertigung). Zwischen 1950 und 1980 etablierte sich zwar die zweite Generation (Transistoren) und die dritte Generation (integrierte Schaltkreise), doch stieg die Rechenleistung in diesen langen 30 Jahren insgesamt lediglich um einen Faktor 250 an! In dieser Zeit basiert der exponentielle Fortschritt des Preis/Leistungs-Verhältnisses vorwiegend auf dem Preisfaktor (Uebergang zu Grossserien und weitgehend vollautomatisierter Produktion).

(3) Die Periode von 1950 bis 1980 erweist sich aus heutiger Sicht bereits als eine Zeit des gemächlichen Fortschritts. In den zwölf Jahren zwischen 1964 und 1976 führte beispielsweise der Marktführer IBM lediglich zwei neue Serien von Grosscomputern (sog. Mainframes) ein, während sich seither die Ankündigungen neuer Produkte oder ganzer Serien deutlich beschleunigt haben. Technische Konzepte der Datenverarbeitung erwiesen sich als äusserst langlebig, auch wenn sie einem tiefen Stand der Technologie entsprachen (Lochkartenverarbeitung!). Die Auswirkungen von Computern blieben vor 1980 schon deshalb bescheiden, weil sich

die Datenverarbeitung weitgehend innerhalb geschlossener
Unternehmensbereiche abspielte (zentrale Datenverarbei-
tungsabteilungen) und Aussenstehende höchstens indirekt
berührte. Die Relation "1 Unternehmung, 1 Computer"
herrschte vor 1980 noch vor. Datenverarbeitungsanlagen
wurden als einmalige Grossinvestitionen empfunden, wobei
die angewandten Entscheidungsprozesse denen für langle-
bige Investitionsgüter weitgehend glichen.

(4) Seit ungefähr 1980 bahnt sich nun eine dramatische
Beschleunigung der Entwicklung im Bereich der Mikroelektronik im allgemeinen und der Computer im besonderen an.
Dies zeigt sich zunächst an der Rechenleistung. Hatte die
im Sommer 1982 als leistungsfähigstes Rechengerät der
Welt angekündigte Sperry Univac 1100/90 noch eine Leistung
von 25 MIPS (Millionen Instruktionen pro Sekunde), wies
die leistungsstärkste Maschine des Jahres 1984 (CRAY XMP)
bereits eine Leistung von 70 Megaflops auf, wobei zu be-
achten ist, dass inzwischen das Leistungskriterium geändert worden war (Fliesskomma-Instruktion anstelle von
Durchschnitts-Instruktion). Im Frühjahr 1984 kündigte
Hitachi eine 100-Megaflop-Maschine an. Gigaflop-Leistun-
gen könnten in ein bis zwei Jahren verfügbar werden und
über die Verfügbarkeit von Leistungen um 10 Gigaflop
wird bereits spekuliert. Diese technischen Leistungs-
grössen sind allerdings nicht mit der Produktivität einer Anlage gleichzusetzen.

(5) Innerhalb von wenigen Jahren dürfte damit die maxi-
male Rechenleistung im Vergleich zur Zeit vor 1980 um
nochmals drei bis vier Zehnerpotenzen ansteigen, wobei
ein Ende der Entwicklung kaum abzusehen ist. Für traditionelle kommerzielle Bedürfnisse sind solch sagenhafte
Rechenleistungen zwar kaum relevant. Sie können jedoch
insbesondere im CAD-Bereich völlig neue Möglichkeiten
erschliessen, die zur Zeit aus technischen Gründen noch
nicht im Bereich des Machbaren liegen. So weisen heute
leistungsfähige graphische Bildschirme rund eine Million
Bildpunkte auf. Die Programmierung von bewegten Bildern
mit einer Frequenz von z.B. 50 pro Sekunde benötigt
daher eine Rechenleistung, die 50 Millionen Bildpunkte
pro Sekunde zu berechnen erlaubt. Je nach Schwierigkeitsgrad der Aufgabe könnten hierzu durchaus 100 bis 1000
Instruktionen erforderlich sein, so dass ein Computer
zur Steuerung eines einzigen graphischen Bildschirms
eine theoretische Rechenleistung von bis zu fünf bis
fünfzig Gigaflops benötigt. Geht man davon aus, dass zur

Berechnung von Bildern höchsten Schwierigkeitsgrades eine CRAY XMP heute noch rund 10 Minuten benötigt, so wäre sogar eine Steigerung der Rechenleistung um einen Faktor 30'000 (10 Minuten à 60 Sekunden bei Frequenz 50 pro Sekunde) erforderlich, d.h. ausgehend von den 70 Megaflops einer CRAY XMP eine Leistung in der Grössenordnung von rund 2 Teraflops. Ob solche Geräte in absehbarer Zeit auf dem Markt erscheinen werden, lässt sich allerdings nicht sagen.

(6) Bisher hat sich gezeigt, dass die Entwicklung der Rechengeschwindigkeit im Rahmen einer **bestimmten Technologie** jeweilen über viele Jahre hinweg exponentiell verlief. Dieser Trend war jedoch überlagert von Technologieschüben, die jeweilen schlagartig eine zusätzliche Zehnerpotenz an Rechenleistung erschlossen. Dies war etwa der Fall beim Uebergang von langsamen zu schnellen Siliziumtransistoren oder von schnellen Siliziumtransistoren zu Gallium-Arsen-Transistoren. Es wird vermutet, dass der nächste Technologieschub durch die Josephson-Technologie ausgelöst werden könnte, die dann ebenfalls eine zusätzliche Zehnerpotenz hinsichtlich Schaltgeschwindigkeit erschliessen könnte.

3.2 Trend zu leistungsfähigen Personal Computern

(1) Die seit ca. 1980 zu beobachtende Beschleunigung der Entwicklung basierte bisher jedoch nicht primär auf dem Trend zu höheren Rechenleistungen, die ja für den durchschnittlichen Benutzer kaum sinnvoll ausgeschöpft werden können, sondern auf dem Trend zum sog. **Personal Computer** (PC), einem vollwertigen Computersystem ausreichender Leistung für die meisten traditionellen Aufgaben der Datenverarbeitung zu einem Preis, welcher die Investitionskosten auf einen Bruchteil der entsprechenden Arbeitskosten senkte. Die gerade heute in Gang befindliche Explosion des PC-Absatzes dürfte zu einem wesentlichen Teil darauf zurückzuführen sein, dass die langfristig beobachtete exponentielle Entwicklung der Computerleistung pro Investi-

tionseinheit nun an einen gesellschaftlich bedeutenden Punkt angelangt ist, wo jede zusätzliche Verbilligung der elektronischen Datenverarbeitung eine Erschliessung neuer Märkte bewirkt. Als ein Computer mit der Leistung eines heutigen IBM PC's noch rund 500'000 Franken kostete, erschloss eine Verbilligung auf 250'000 Franken noch keine grundsätzlich neuen Massenmärkte. Eine Senkung des Preises für einen vollwertigen PC von 10'000 auf 5'000 Franken oder von 5'000 auf 2'500 Franken kann jedoch die entsprechende Nachfrage plötzlich lawinenartig anwachsen lassen.

(2) Ins Bodenlose können die <u>Preise für vollwertige PC's</u> jedoch nicht mehr sinken, da der Kostenanteil der Mikroelektronik schon heute nur noch einem Bruchteil der Endverbraucherpreise entspricht. Die teuren Komponenten eines PC sind die mechanischen Teile (Tastatur, Diskettenstationen, Drucker) oder der Bildschirm. Ein 16 Bit-Mikroprozessorchip kostet heute weniger als $10.

Andererseits ist davon auszugehen, dass in den kommenden Jahren Kleincomputer in anspruchsvollere Technologien bei tendenziell noch sinkenden Preisen hineinwachsen. Der heute noch vorherrschende 16 Bit-Prozessor wird dem 32 Bit-Prozessor Platz machen. Damit erlangen dann Kleincomputer das Leistungspotential heutiger Grosssysteme, wenn auch nicht zwingend deren Rechengeschwindigkeit.

(3) Eine wesentliche <u>Bestimmungsgrösse</u> des Trends zum erschwinglichen PC war die Entwicklung der RAM-Speicher-Technologie. Hatte bis etwa 1970 noch der klassische Kernspeicher vorgeherrscht, bei welchem jedes Speicherbit ein individueller Baustein war, stellte 1978 das 64 Kbit-Chip den Standardbaustein für Hauptspeicher dar. Seit 1983 wird das 256Kbit-Chip eingesetzt, welches im Rahmen der bisherigen Technologie nicht mehr beliebig weiterentwickelt werden kann, da dessen photolithographisch abgeätzte Leiterbahnen nur noch wenige Lichtwellenlängen breit sind und bei der Produktion deutlich mehr Ausschuss anfällt als verwertbare Chips. Labormässig können zwar heute Megabit-Chips hergestellt werden, doch steht eine Massenproduktion offensichtlich noch nicht unmittelbar bevor.

3.3 Entwicklungsaussichten

(1) Selbst wenn das 256 Kbit-Chip im Rahmen der bisherigen Produktionstechnologie nicht mehr abgelöst werden könnte, so hätte dies auf die weitere Entwicklung der Kosten von Hauptspeichern kaum einen dramatischen Einfluss. Die Herstellungskosten könnten im Gefolge der stark angestiegenen Nachfrage mit derselben Geschwindigkeit sinken wie bis anhin. Die Firma Arthur D. Little Inc. schätzt, dass sich die Herstellkosten von Hauptspeicher-Chips bis gegen das Ende des Jahrhunderts regelmässig um etwa eine Zehnerpotenz in 10 Jahren verbilligen werden, selbst wenn keine Aenderungen in der Technologie eintreten. Mögliche Technologiesprünge könnten bis dahin eine zusätzliche Zehnerpotenz erschliessen. Es darf daher davon ausgegangen werden, dass spätestens nach Verfügbarwerden von 64 Bit-Prozessoren, Kleincomputer über Hauptspeicher in der Grössenordnung von vielen Megabytes verfügen und trotzdem nicht mehr kosten als heutige PC's mit beispielsweise 64 oder 128 KBytes.

(2) Sehr viel dynamischer als bei den Hauptspeichern dürfte die Entwicklung im Bereich der externen Speicher verlaufen. Im Bereich der Magnetspeicher sind die Entwicklungsreserven technisch nahezu erschöpft. Bei erreichten Speicherdichten von 10 Millionen Bits pro Quadratzoll könnte nur noch ein Ausbrechen in die dritte Dimension neue Möglichkeiten erschliessen (vertikalmagnetische Speicherung). Kurzfristig wird sich daher die Entwicklung des Preis/Leistungsverhältnisses von externen Speichern primär unter dem Einfluss von Produktionskostendegressionen verändern, die ihrerseits durch eine explodierende Nachfrage ausgelöst werden könnten. Zur Zeit sind nämlich noch die wenigsten Kleincomputer mit Festplatten ausgerüstet, so dass ein theoretisches Absatzpotential von weltweit vielen Millionen Stück pro Jahr existiert.

(3) Völlig neue Möglichkeiten der Informationsspeicherung bieten die mit <u>Laserstrahl abgetasteten Bildplatten</u> (freilich ausschliesslich als ROM-Speicher). Die im Jahr 1984 auf dem Markt angebotenen Platten haben Speicherdichten, welche die beste magnetische Speicherdichte um einen Faktor 10 übersteigt. Da es sich dabei noch um eine junge Technologie handelt, sind aus heutiger Sicht Speicherdichten möglich, welche im Vergleich zum Stand von 1984 mindestens noch um eine oder zwei Zehnerpotenzen höher sind. Im Bereich der Bildplatten ist daher mit einer äusserst dynamischen Entwicklung des Preis/Leistungs-Verhältnisses zu rechnen, welche sowohl auf technologischen Verbesserungen als auch auf Produktionskostensenkungen beruhen wird.

(4) Langfristig sind im Bereich der Speichermedien sehr viel grössere Entwicklungsreserven verborgen als etwa im Bereich der Rechenleistung von Computern, da letztere früher oder später auf endgültige technische Schranken stossen dürfte. Die Natur hat in der Form von <u>Genspeichern</u> Speicherdichten realisiert, welche ca. 10^{18} Bit pro mm3 entsprechen (Wittwer 1983, S. 5). Mit Hilfe dieser Bio-Technologie liesse sich das gesamte Buchwissen der Erde in 0,01 mm3 Speichermedium abspeichern. Demgegenüber weisen die bisher realisierten technischen Speicher eine äusserst geringe Kompaktheit auf, da 10^9 Bit pro mm3 noch nicht überschritten werden konnten, so dass rein theoretisch Entwicklungsreserven um einen Faktor 10^9 (eine Milliarde) existieren müssen.

(5) Insgesamt muss für die kommenden Jahre mit einer im Vergleich zum Zeitraum von 1950 bis 1980, d.h. der "guten alten Zeit" der elektronischen Datenverarbeitung <u>stark beschleunigten Entwicklung</u> gerechnet werden. "Barring nuclear war, there should be nearly as much change in computers in the next 10 years as there was in the preceding 30" (Pournell 1983, S. 233). Diese technologische Akzeleration erhält jedoch ihre wirtschaftliche und gesellschaftliche Relevanz erst durch die Tatsache, dass die Mikroelektronik in eine Entwicklungsphase extrem hoher Nachfrageelastizität in Bezug auf das Preis/Leistungs-Verhältnis eingetreten ist. Es ist daher zu erwarten, dass die Auswirkungen der Mikroelektronik auf die Arbeitswelt in den kommenden 10 Jahren von mindestens der selben Dynamik gekennzeichnet sein werden, wie sie die technologische Entwicklung charakterisieren wird.

4. Fallbeispiel 1: Maschinenindustrie

4.1 Ausgewählte Tätigkeiten

4.1.1 Modellbetrieb

(1) Die schweizerische Maschinen- und Metallinstustrie ist eine der wichtigsten Industriebranchen der Schweiz. Sowohl nach Anzahl der Betriebe, der Beschäftigten als auch am Gesamtexport gemessen nimmt sie eine dominierende Stellung ein.

(2) Kennzeichnend ist die heterogene Struktur. Nach Betriebsgrösse geordnet, dominieren anzahlmässig die Kleinbetriebe. Bedeutungsmässig hingegen ist die Minderheit der Gross- und Mittelbetriebe mindestens ebenso wichtig.

Grosse Unterschiede bestehen ferner im Hinblick auf die Produktelinien. Unter dem Sammelbegriff Maschinenindustrie findet sich ein breites Spektrum von produzierten Gütern.

Fig. 4/1: Betriebsgrössen 1981

Betriebsgrössen 1981

	Betriebe	
	Anzahl	in Prozent
Kleinbetriebe (6-49 Beschäftigte)	991	56 %
Mittelbetriebe (50-499 Beschäftigte)	685	39 %
Grossbetriebe (über 500 Beschäftigte)	88	5 %
Total	1764	100 %

Quelle: VSM 1982, S.7.

(3) In Anbetracht dieser Situation ist es vom Standpunkt der Repräsentativität aus betrachtet kaum möglich, einen einzelnen Betrieb zu finden, der alle für die Untersuchung wichtigen Merkmale aufweist. Als <u>Ausgangspunkt</u> wurde deshalb ein theoretischer Modellbetrieb konstruiert, der im wesentlichen zwei strukturellen Anforderungen genügen muss:

- Einerseits soll er alle wesentlichen Merkmale der schweizerischen Maschinenindustrie aufweisen.
- Andererseits muss er so aufgebaut sein, dass die typischen Tätigkeiten enthalten sind.

(4) <u>Der Modellbetrieb</u> ist im vorliegenden Fall wie folgt definiert:

- Es werden die in der Maschinenindustrie üblichen planerischen und konzeptionellen Aufgaben wahrgenommen.
- Den planerischen Abteilungen ist eine Fertigung angegliedert, deren Aufgaben, Funktionen und Arbeiten in dieser Untersuchung jedoch nicht berücksichtigt werden.
- Der Modellbetrieb ist ein Grossbetrieb. Er beschäftigt insgesamt über 500 Personen, von denen ein bedeutender Teil in den der Fertigung vorgelagerten Abteilungen arbeitet.
- Es wird vorwiegend in Grosserien produziert. Die Produkte werden laufend den verschiedenen Anforderungen (Markt, Technologie, Kunden) angepasst. Daneben werden neue Produkte entwickelt und bis zur Serienreife getestet.
- Der Abteilungsaufbau entspricht dem klassischen Muster in der Maschinenindustrie, mit drei, der eigentlichen Fertigung vorgelagerten Abteilungen:
    * Der Forschungs- und Entwicklungsabteilung
    * Der Konstruktionsabteilung
    * Der Arbeitsvorbereitung
    Und diese drei Abteilungen werden in der vorliegenden Untersuchung genauer beleuchtet.

4.1.2 Die Forschungs- und Entwicklungsabteilung (F + E)

(1) Funktionell kann man die F + E als das Laboratorium des Betriebes bezeichnen. Im Arbeitsablauf ist sie der Konstruktion und der AVOR vorgelagert. Das Resultat ihrer Arbeit muss nicht immer unmittelbar in die Fertigung oder die Produkte einfliessen, es kann auch einen gewissen allgemeinen Erkenntnischarakter enthalten. Forschung und Entwicklung bedeutet im betrieblichen Sinne "... die gesamte betriebliche Tätigkeit, die darauf ausgerichtet ist, dem Unternehmen neue Erkenntnisse für mögliche neue oder verbesserte Erzeugnisse, neue oder verbesserte Verfahren und neue Anwendungsmöglichkeiten zu gewinnen und nutzbar zu machen" (Mellerowicz 1958, S.10).
Innerhalb des Betriebes verfügt die F + E über einen gewissen Sonderstatus. Als eigentliche Stabsabteilung ist sie von den anderen Abteilungen sowohl personell wie organisatorisch getrennt. Teilweise wird die besondere Rolle noch durch eine geographische Trennung von den anderen Abteilungen unterstrichen.

(2) Die F + E Abteilung erfüllt zwei Hauptfunktionen (vgl. Fig. 4/2):

- Die Grundlagenforschung (= Forschung)

- Die angewandte Forschung (= Entwicklung)

Generell kann davon ausgegangen werden, dass die Grundlagenforschung zukunftsorientiert ist und über einen relativ hohen Risikocharakter verfügt.
Unter angewandter Forschung oder "Zweckforschung" sind dagegen solche Arbeiten zu verstehen, für die schon bei der Aufgabenstellung ein bestimmtes Anwendungsgebiet feststeht. Es handelt sich also um den Aufgabenkomplex, der in der Praxis auch den Namen "gerichtete" Forschung hat" (Mellerowicz 1958, S.25).

Fig. 4/2

Aufgabenschwerpunkte der F + E - Abteilung

Funktion	Aufgabenbereich
Forschung (Grundlagenforschung)	Materialforschung Verfahrensforschung Literaturstudium Konzeptionelle Forschung
Entwicklung (angewandte Forschung)	Entwurf (Konstruktionsskizze) Konstruktive Produktentwicklung Konzeption vom System Herstellen, Testen und Prüfen von Prototypen Analyse der Testergebnisse Erstellen von Kosten-Nutzen-Analysen Erstellen von Spezifikationen (Toleranzen, Messvorschriften) Erstellen von Pflichtenheften für die Konstruktionsabteilung

(3) Die Entwicklung eines neuen Produktes findet im Rahmen eines kreativen Prozesses zwischen einer Papier- und einer Eisenphase statt (vgl. Angermaier et al. 1983). Dieser kreative Prozess muss als ein organisierter Ablauf verstanden werden. Wichtig ist - wie etwa in der chemischen Industrie - das analytische, gezielte Suchen und die stetige Präzisierung der Aufgabe aufgrund von neuen Erkenntnissen. Dabei sind geniale Einfälle und intuitiv richtiges Vorgehen selten.
Der Ablauf, geordnet nach Papier- und Eisenphase, ist in Fig. 4/3 zusammengestellt.

(4) Das schriftliche Resultat der F + E-Abteilung besteht vorwiegend aus Konstruktionsskizzen und -angaben für die Konstruktionsabteilung. Das Testergebnis der Prototypenphase ist festgehalten und im Pflichtenheft berücksichtigt. Die Angaben aus der F + E-Abteilung überlassen der Konstruktionsabteilung noch gewisse Einflussmöglichkeiten auf das Endprodukt, wobei es sich jedoch vielfach um sekundäre Merkmale handelt.
Die Form der Konstruktionsskizzen und -angaben ist weitgehend unternehmensintern festgelegt, es sind interne Arbeitspapiere.

(5) Das Personal in der F + E-Abteilung besteht zur Hauptsache aus Hochschulabsolventen und HTL-Ingenieuren:

- Beim Hochschulabsolventen handelt es sich vorwiegend um Dipl.-Maschinen Ingenieure ETH oder Dipl.-Physiker ETH. Ihre Ausbildung war vorwiegend mathematisch und technisch orientiert. Neben einer ausgeprägten Abstraktionsfähigkeit und einem analytischen Denkvermögen sind auch vertiefte Kenntnisse in speziellen Teilgebieten nötig (z.B. Metallurgie, Verfahrenstechnik, Werkzeugmaschinenbau, Mechanik, Informatik, Reaktortechnik, Strömungslehre, Thermodynamik usw.)

- Der HTL-Absolvent, vorwiegend als Maschineningenieur, hat dagegen eine Berufslehre bzw. Berufspraxis hinter sich. Erst nach dieser praktischen Tätigkeit erfolgt dann das Studium an einer höheren technischen Lehrastalt (zur genaueren Beschreibung vgl. Kap. 4.1.3.). Ist der F + E Abteilung noch eine Werkstatt für die Prototypenerprobung angegliedert, so arbeiten darin vorwiegend Mechaniker. Je nach Genauigkeitsgrad der Konstuktionsskizzen werden diese von einem abteilungsinternen Zeichner angefertigt. Vielfach übernimmt jedoch der Ingenieur HTL selbst diese Aufgabe.

Fig. 4/3
Phasen des Entwicklungsprozesses

Ablauf	Papier- phase (Büro, Labor)	Eisen- phase (Werkstatt)
I Funktionsfindung: Festlegen der Produktionsanforderungen	●	
II Technische Lösung: Konstruktive Festlegung unter Berücksichtigung physikalischer Prinzipien, Suchen und Auswählen alternativer Lösungen	●	
III Prototypen: Herstellen von Prototypen, Testen und Auswerten der Ergebnisse		●
IV Konstruktionsskizze: Optimierung und Spezifikation der konstruktiven Eigenschaften	●	
V 0-Serie: Herstellen eines letzten Prototyps oder Auflegen einer 0-Serie		●

(6) Die die Tätigkeitsfelder stark determinierende
<u>Arbeitstechnik</u> ist schon lange durch Arbeitsmittel bestimmt, die weit über die rein konventionellen Werkzeuge hinausgehen. Es sind bereits vor dem Zeitalter der Mikroelektronik Computeranlagen eingesetzt worden. Diese Rechner wurden vorwiegend im Batchverfahren für Berechnungszwecke im technisch-wissenschaftlichen Bereich gebraucht (z.B. Finite Elemente). Bei dieser Arbeitstechnik beschränkt sich die Aufgabe des Forschers oft auf die Interpretation der Resultate. Die Dateneingabe und Computerbedienung erfolgt in Arbeitsteilung mit Personal aus der EDV-Abteilung. Vertiefte EDV-Kenntnisse sind für die Aufgabe des Forschers zwar oft von Vorteil, aber nicht unmittelbar notwendig.

(7) Sieht man von der Werkstattsarbeit und der zeichnerischen Planerstellung ab, so besitzt die <u>Tätigkeit</u> in der F + E-Abteilung einen vorwiegend konzeptionellen Charakter. Die in den anderen Abteilungen übliche Arbeitsteilung in konzeptionelle und ausführende Tätigkeiten entfällt weitgehend. Gearbeitet wird generell in einem Forscherteam.
Wenngleich eine strikte Trennung zwischen den einzelnen Forschungsaufgaben schwierig ist, zeigt sich doch, dass i.a. die schwerpunktmässigen Tätigkeitsfelder mit der Ausbildung korrelieren:

- Die Hochschulabsolventen setzen sich vorwiegend mit wissenschaftlich-theoretischen Fragestellungen auseinander. Sie sind dann eher auch mit der Grundlagenforschung beschäftigt. Es herrschen Tätigkeiten am Schreibtisch und im Labor vor: Unterlagen müssen studiert, Ergebnisse der Prototypenphase analysiert und die massgebende Literatur ausgewertet werden.

- Der HTL-Absolvent befasst sich eher mit praxisorientierten Problemen. Er arbeitet neben seiner Tätigkeit vermehrt in der Werkstatt und am Reissbrett. In der Eisenphase der Prototypenerprobung beobachtet er das Verhalten der Prototypen am Laufstand und bespricht die Resultate mit Kollegen in der Abteilung.

4.1.3. Die Konstruktionsabteilung

(1) Die eigentliche Funktion der Konstruktionsabteilung kann als das "technische Gehirn" der Unternehmung beschrieben werden. In dieser Abteilung wird die konstruktive Gestaltung der späteren Produkte vorgenommen. Konstruieren ist ein "inneres, rein vorstellungsmässiges Entwickeln eines neuen bis anhin nicht vorhandenen technischen Erzeugnisses oder der Konstruktionselemente eines solchen in allen Einzelheiten, Wirkung, Gestalt und Baustoffe sowie in Anpassung an alle Betriebsaufgaben und Herstellungsmöglichkeiten" (Wörgerbauer H., nach Vögeli 1966, S.5). Beim Konstruktionsprozess müssen vor allem zwei Anforderungen erfüllt sein (vgl. Vögeli 1966, S.6):

- jene der Abnehmer bezüglich Leistung, Bedienung und Lebensdauer der Maschine,
- jene der Werkstätte hinsichtlich der einfachen und kostengünstigen Fertigung.

(2) Die Konstruktionsabteilung nimmt innerhalb der Unternehmung einen wichtigen Platz ein. Sie ist eine eigentliche Schaltstelle, in der die Konstruktionsmerkmale und die Machart der Produkte weitgehend entschieden werden. Anschaulich kann das hinsichtlich der Kosten und Durchlaufzeiten, die die Konstruktionsabteilung entweder verursacht oder festlegt, dargestellt werden. Im allgemeinen wird nämlich angenommen, dass die Konstruktionsabteilung

- ca. 50% der Produktdurchlaufzeit von der Konstruktion bis zur Fertigung selber beansprucht, jedoch
- durch die Konstruktionsart weitgehend die übrige Durchlaufzeit in der Fertigung festlegt;
- abteilungsintern ca. 20 - 30 % der Herstellungskosten verursacht, aber
- durch die Art der Konstruktion 70 - 80 % der übrigen Herstellkosten in der Fertigung bestimmt.

(3) Konstruktionsaufgaben finden im Rahmen eines <u>Such-
und Iterationsprozesses</u> statt, währenddem konstant Informationen verarbeitet und weitergegeben werden müssen. Dadurch kann es keine einzelne richtige Lösung geben, sondern nur mehr oder weniger gute Lösungen. "An-
näherungsverfahren und Veränderungen gehören zum Wesen
eines typischen Konstruktionsprozesses" (Bechmann et
al. 1979, S.164).
Bei diesem Vorgehen werden die verschiedenen Konstruktionsaufgaben im Sinne einer Dekomposition bzw. horizontalen Arbeitsteilung meistens in Teilkomplexe zerlegt, die nacheinander, linear bearbeitet werden können. Ist dieses arbeitsteilige Verfahren optimiert,
dann ist die Grundlage dafür gegeben, um die verschiedenen Konstruktionsaufgaben unabhängig voneinander von
verschiedenen Personen erfüllen zu lassen. Die Abstimmung der verschiedenen Ergebnisse untereinander wird
dann nicht vom Konstrukteur vorgenommen, sondern sie
kann von einem am Konstruktionsprozess nur marginal
beteiligten Projektleiter wahrgenommen werden.

(4) Die Konstruktionsabteilung erfüllt vorab <u>zwei</u>
Hauptfunktionen:

- die konstruktive (Weiter)entwicklung von Produkten

- das Anfertigen von Werkstattplänen und Stücklisten.

Eine wichtige Aufgabe der Konstruktionsabteilung ist
es, die bestehende Produktionspalette laufend zu "mo-
dernisieren". Die "Modernisierung" erfolgt hierbei
hauptsächlich in Form von Weiterentwicklungen und Anpassungskonstruktionen. Dabei werden Teile der Produkte
konstruktiv und gestalterisch neuen technologischen und
produktspezifischen Anforderungen gemäss verbessert.
Vorteilhaft ist es bei diesem Prozess, wenn standardi-
sierte Einzelteile in möglichst vielen Produkten gleichzeitig verwendet werden können. Neben dem technologischen Fortschritt sind auch vielfach Kundenwünsche der
Grund für Anpassungskonstruktionen.
Das schriftliche Resultat des Konstruktionsprozesses
wird in Form von Stücklisten, Detail- oder Werkstattplänen und Zusammenstellungsplänen festgehalten. Art,
Gestaltung und Inhalt der Pläne ist zumindest firmen-
intern, grösstenteils sogar über die Branche formalisiert. Ueblich sind Rissdarstellungen (Auf-, Grund-
und Seitenriss). Dabei gilt die Regel, dass für jedes
Werkstück genaue Zeichnungen ausgearbeitet werden (vgl.
Zur Berufswahl 1982, S.20).

Zusätzlich zu diesen Zeichnungen müssen genaue Stücklisten für die AVOR und die Werkstatt erstellt werden. Jedes benötigte Stück oder Teil muss z.B. materialmässig spezifiziert sein. Daneben muss noch die Reihenfolge der Verwendung der Teile im Produktionsprozess angegeben werden. Wichtige Hilfsmittel sind - nebst Katalogen über Maschinenelemente von Zulieferanten - (EDV)-Listen in denen genormte Zeichnungstitel ausgewiesen sind, aber auch interne Normenkataloge, in denen Rohmaterialien und Halbfabrikate spezifiziert sind. Damit kann gewährleistet werden, dass gleiche oder ähnliche Teile nicht nochmals konstruiert und gezeichnet werden müssen.

(5) Das <u>Personal</u> in der Konstruktionsabteilung besteht aus Konstrukteuren und Zeichnern. Die Arbeit in der Abteilung erfolgt im Team. Ueblich ist dabei eine vertikale Arbeitsteilung:

- Der konzeptionell tätige Konstrukteur ist in der Regel ein Ingenieur HTL. Ueblicherweise hat er sich innerhalb des Betriebes durch seine zusätzliche Ausbildung vom Zeichner "hinaufgearbeitet" oder kommt allenfalls aus der Werkstatt.
In jedem Fall besitzt er sowohl eine gute Kenntnis der Fertigung und der Betriebsstruktur als auch ein fundiertes, technisch orientiertes Wissen, meist auf Technikumstufe.
Zur 3-jährigen Ausbildung dieses Konstruktionsingenieurs am Technikum gehören mathematische Fächer auf mittlerer Stufe (Analysis, angewandte Mathematik) und eine Grundausbildung in Maschinenbau (Werkstoffkunde, Mechanik, Festigkeitslehre, Konstruktionslehre, Thermodynamik), die gegen Studiumende zu einer Spezialisierung führen kann (vgl. Ingenieurschule, Studienplan 1982, S.56ff.).

- Der Zeichner (oder Detailkonstrukteur) ist der eher ausführende Teil im Konstruktionsteam. Er hat eine 4-jährige Lehre als Maschinenzeichner oder eine 3-jährige Lehre als technischer Zeichner absolviert und v.a. gelernt:

  . die technische Schrift zu beherrschen

  . Werkstücke zu zeichnen

  . übliche Normen zu kennen und

  . die räumliche Darstellung einer Werkstattzeichnung zu vermitteln.

Zur Ausbildung gehören auch Grundkenntnisse der Mathematik, Mechanik, Festigkeitslehre, Materialeigenschaften und Produktionsverfahren.

Fig. 4/4
Aufgabenschwerpunkte der Konstruktionsabteilung

Funktion	Aufgabenbereich
Konstruktive Neu- oder Weiterentwicklung von Produkten	- Konstruktive Gestaltung der Erzeugnisse bis ins Detail - Berechnen - Entwurfs- und Konstruktionsskizzen - Schriftwechsel, Information - Durchsuchen von Archiven
Erstellung von Fertigungsunterlagen	- Werkstattpläne - Stücklisten - Zusammenstellungspläne

(6) Die Arbeitstechnik in der Konstruktionsabteilung ist noch weitgehend konventionell. Während in der Fertigung seit Anfang des Jahrhunderts ein enormer Produktivitätsfortschritt festzustellen war, ist in der gleichen Zeitspanne die Produktivität der Konstruktionsabteilung nur um ca. 20% gestiegen. Elektronische Hilfsmittel waren an diesem Produktivitätsfortschritt vorwiegend in Form von programmierbaren Taschenrechnern beteiligt, wogegen andere Computertechnologien erst selten angewendet werden.
Der Konstrukteur arbeitet hauptsächlich im Konstruktionsbüro. Dabei handelt es sich meistens um einen grösseren, hellen Saal, in welchem mehrere Konstrukteure und Zeichner gleichzeitig arbeiten. Zur Ausrüstung des Konstrukteurarbeitsplatzes gehören Schreibtisch und Reissbrett inkl. Zeichenmaschine. Auch die Arbeitstechnik des Zeichners ist noch als weitgehend konventionell zu bezeichnen. Moderne elektronische Hilfsmittel sind erst in Form eines Taschenrechners vorhanden. Zur Ausrüstung am Arbeitsplatz gehören ebenfalls nebst dem Schreibtisch ein Reissbrett mit montierter Zeichenmaschine sowie Bleistifte, Schablonen, Tusche, Reisszeug.

(7) Die eigentliche Tätigkeit im Konstruktionsbüro kann im Nachvollzug der obigen Aufteilung in zwei Ebenen gegliedert werden (vgl. auch Fig. 4/5):

- Der Konstrukteur ist vorwiegend gestalterisch und rechnerisch tätig. Daneben steht ihm noch Zeit zur Informationsverarbeitung zur Verfügung. Einen Teil seiner Arbeit verbringt er am Zeichenbrett, wobei der Ausführungsgrad der Pläne, die danach oft zur Fertigstellung an den Zeichner weitergegeben werden, unterschiedlich ist. Neben dem Durchführen von Berechnungen mit dem Taschenrechner gehört auch das Suchen von Unterlagen in Ordnern und Katalogen zur Arbeit des Konstrukteurs. Einige der benötigten Informationen holt der Konstrukteur auch mündlich bei den anderen, vor- und nachgelagerten Abteilungen des Betriebes ein.

- Der Zeichner (oder Detailkonstrukteur) ist der technische Aufarbeiter des Konstrukteurs. Ausgehend von einer Konstruktionsskizze und anderen Angaben des Konstrukteurs fertigt er die in der Produktion notwendigen Detailzeichnungen an. Dadurch wird er zum zeichnerisch tätigen Bindeglied, das mitgewährleistet, dass aus einer technischen Idee oder Vorstellung heraus eine Maschine, ein Apparat oder ein Instrument hergestellt werden kann (vgl. Zur Berufswahl 1982, S.21).
Der Zeichner arbeitet meist am Reissbrett. Neben dem massstabsgetreuen Zeichnen der Werkstücke (Auf-, Grund-, Seitenriss, Körperschnitte, Explosionszeichnungen) versieht er die Zeichnungen mit allen für die Anfertigung nötigen Angaben (Masse, Toleranzen, Oberflächenbeschaffenheit, Normteile). Diese Angaben werden auch auf die Stück- oder Materiallisten übertragen.
Wichtig bei der Arbeit ist ein exaktes und regelkonformes Zeichnen. Die Entscheidungsfreiheit variiert mit der Erfahrung, doch geht sie selten über die Festlegung von Details heraus. Beim Zeichnen überprüft der Maschinenzeichner die Angaben des Konstrukteurs, denn oft kommen gewisse Probleme erst in diesem Arbeitsstadium zum Vorschein.

Fig. 4/5
Tätigkeitsfelder in der Konstruktionsabteilung

Konstrukteur	- Entwerfen, Anstellen von konzeptionellen Ueberlegungen - Erstellen der Konstruktionsskizze, Zeichnen mittels Zeichenmaschine - Durchführung von technischen und wirtschaftlichen Berechnungen - Suche nach vergleichbaren Lösungen im Archiv - Information und Kontrolle der Zeichner - Ueberprüfen der Werkstattpläne und Stücklisten - Aufrechterhaltung der Kundenkontakte - Informationsverarbeitung
Maschinenzeichner (Detailkonstrukteur)	- Anfertigung und Aenderung vom Zeichnungen - Durchführen von Berechnungen (Flächen, Volumen, Gewicht usw.) - Beschriftung der Zeichnungen - Festlegen und Eintragen von Massen in die Zeichnung - Darstellung von Ansichten, Schnitten, Abwicklungen, Perspektiven - Festlegen von Toleranzen und Oberflächenbeschaffenheit - Auswahl der Normteile und Werkstoffe - Vervielfältigung und Ablage der Zeichnungen - Erstellen von Stücklisten

Quelle: Buschhaus 1980, S.43

4.1.4. Die Arbeitsvorbereitung (AVOR)

(1) Funktionell ist die AVOR eine <u>Koordinationsstelle</u> zwischen der vorgelagerten Konstruktion und der nachgelagerten Fertigung bzw. Produktionsabteilung (Bösherz 1981, S.48ff.). Innerhalb des Betriebes ist es die Aufgabe der AVOR, die von der Konstruktion erhaltenen Angaben mit Hilfe des bestehenden Know-Hows (Methoden, Verfahren) und der zur Verfügung stehenden Produktionsfaktoren (Arbeit, Maschinen, Material) möglichst effizient in der Fertigung in eigentliche Produkte umzusetzen.

(2) Die zwei <u>Hauptfunktionen</u> der AVOR sind dementsprechend die Fertigungssteuerung und die Fertigungsplanung.[1] Auch wenn in der Praxis die Trennung zwischen Fertigungsplanung und -steuerung nicht immer eindeutig ist, so ist zumindest in zeitlicher Hinsicht eine Differenzierung möglich:

- Analog zu den allgemeinen der Planung zugerechneten Aufgaben, ist die Aufgabe der Fertigungsplanung mehr langfristiger Natur: "Die Fertigungsplanung ist die vorschauende (längerfristige) Festlegung der Fertigungsleistungen, -verfahren, -reihenfolgen und -zeiten in einem Fertigungs(ablauf)plan und der benötigten Produktionsfaktoren im Bedarfsplan" (Fries/Otto 1982, S.208). Im Rahmen der Fertigungsablaufplanung wird der Ablauf des Fertigungsprozesses festgelegt. Dazu gehört neben einer Planung der Arbeitsvorgänge nach Art, Reihenfolge und Zeitvorgabe auch die Planung der Fertigungsverfahren und Durchlaufzeiten.

- Die Fertigungssteuerung ist eher eine dispositive, kurzfristige Aufgabe. Sie soll den mengen- und termingerechten Fertigungsvollzug sichern und stellt somit eine eigentliche Feinsteuerung des Produktionsprozesses dar. Laut Fries/Otto beinhaltet sie alle Mass-

---

1) Vereinzelt sind auch Betriebe anzutreffen, in denen die AVOR zusätzlich auch noch für die Lagerbewirtschaftung verantwortlich ist. Da dies jedoch allgemein nur bei kleineren Betrieben als unserem Modellbetrieb der Fall ist, wird diese dritte Funktion hier nicht berücksichtigt.

nahmen zur plangemässen Fertigungsgestaltung und Auftragsausführung und zur Bereitstellung der benötigten Leistungsfaktoren.
Werden in der Fertigung NC bzw. CNC-Maschinen eingesetzt, übernimmt in den meisten Fällen die AVOR zudem die Aufgabe der Produktionssteuerung bzw. der Programmierung der Werkzeugmaschinen. Dazu werden die zur Produktionssteuerung notwendigen Daten konventionell, z.B. auf Lochstreifen und Steckkarten, übertragen.

(3) Die AVOR erhält von der Konstruktionsabteilung Unterlagen in Form von Werkstattzeichnungen und Stücklisten, die in einem ersten Schritt des Arbeitsablaufes überprüft werden. Oft müssen dann kleinere Veränderungen und Korrekturen vorgenommen werden, sei es, dass unterdessen in der Fertigung neue Maschinen und Verfahren eingesetzt werden, über welche die Konstruktionsabteilung nur teilweise informiert war, sei es, dass die Konstruktionsangaben zu ungenau sind. Danach werden die erhaltenen Informationen in Daten für die Fertigung umgesetzt.

(4) Das schriftliche Resultat des Arbeitsprozesses in der AVOR besteht aus Arbeitsplänen und -unterlagen in Form von Papieren bzw. Karten (Arbeitsbegleitscheine, Materialentnahmescheine, Zeitvorgabe, Maschinenbelegungspläne, Maschineneinsatzpläne, Lohnbelege, Terminkarten, Lochstreifen usw.).
Da die AVOR dauernd über die in der Fertigung ablaufenden Prozesse und über die bereits hergestellten Stücke informiert sein muss, verfügt sie über eine umfangreiche Kartothek. Jedes hergestellte Stück ist darin mit seinen genauen, zur Produktion benötigten Angaben enthalten. Jede in der Fertigung existierende Maschine ist genau registriert und jeder fertigungstechnische Vorgang ist in seinem genauen Ablauf festgehalten.

(5) Die Arbeit in der AVOR wird vorab als Team wahrgenommen. Das Personal rekrutiert sich nebst vereinzelten Zeichnern z.T. aus Ingenieuren HTL und vor allem aus Betriebsfachleuten:

Fig. 4/6
Aufgabenschwerpunkte der AVOR

Funktion	Aufgabenbereiche
Fertigungsplanung	- Fertigungsentwicklung - Arbeitsplanung - Zeitwirtschaft - Personalwirtschaft - Bedarfsplanung
Fertigungssteuerung	- Produktionsplanung - Terminsteuerung - Nachkalkulation

- Der in der AVOR arbeitende Ingenieur HTL hat oft eine Werkstattlehre absolviert und hat deshalb gute Werkstattkenntnisse. Während der HTL-Ausbildung hat er zusätzlich noch allgemeine theoretische Konstruktionskenntnisse erworben (Mathematik, Physik, Werkstoffkunde usw.) sowie vielfach noch spezielle planerische/ organisatorische Methoden gelernt (z.B. Produktionsplanung und -steuerung, Finanzwirtschaft und Kostenrechnen, Betriebsführung, EDV, Fabrikplanung) (vgl. Ingenieurschule 1982).
- Der Betriebsfachmann oder Betriebstechniker verfügt meist über eine Werkstattlehre, z.B. als Mechaniker oder Maschinenmechaniker, sowie über eine Zusatzausbildung zum Betriebsfachmann.
Während seiner Lehre hat der Mechaniker die Grundlagen für seinen späteren Beruf gelernt: manuelle Tätigkeiten und mathematische und geometrische Grundkenntnisse. Zu den handwerklichen Tätigkeiten im Mechanikerberuf gehört der Umgang mit Metall (Feilen, Sägen, Anreissen, Arbeiten an Werkzeugmaschinen, Schweissen). Daneben muss er die Werkzeugmaschinen genau einrichten, arbeitet er doch oft mit sehr kleinen Toleranzen ($1/100$ mm). Um an den verschiedenen Maschinen arbeiten zu können, muss der Mechaniker technische Zeichnungen und Pläne lesen können. Wichtig ist ausserdem technisches und räumliches Vorstellungsvermögen

sowie logisches Denken, um den späteren Arbeitsablauf festzulegen (vgl. Zur Berufswahl, Mechanikerberufe, 1979). Während der Zusatzausbildung zum Betriebsfachmann erwirbt er organisatorische Kenntnisse, die später in der AVOR von grosser Bedeutung sind (Arbeitsmethodik, Betriebsorganisation, Mathematik, Produktionsplanung und -steuerung, Materialkunde, Kostenrechnung usw.) (vgl. SFB, Ausbildung zum Betriebstechniker, Schulprogramm 1983/84).

(6) Die <u>Arbeitstechnik</u> in der AVOR ist vielfach noch konventionell. Insbesondere in der Produktionsplanung werden Computer noch eher selten, und dann lediglich zur Lösung von Einzelproblemen herangezogen, so z.B. für Wirtschaftlichkeitsrechnungen. Berührungspunkte zu Computertechnologien bestehen natürlich auch dort, wo die AVOR für die Programmierung von NC- bzw. CNC-Maschinen zuständig ist.
Stärker verbreitet ist die EDV in der Fertigungssteuerung. In vielen Betrieben werden Stücklisten, Arbeitspläne, Material- und Lohnscheine mittels Computerunterstützung erstellt. Selbst heute werden aber auch noch in vielen Unternehmen althergebrachte Arbeitsmittel wie Karteien und dergleichen eingesetzt.

(7) In den <u>Tätigkeitsschwerpunkten</u> spiegelt sich realtypisch vielfach die unterschiedliche Ausbildung des Personals wider:

- Die Fertigungsplanung wird meistens vom Vorsteher der AVOR, dem Chef-AVOR übernommen. In den meisten grossen Betrieben ist dies ein Ingenieur-HTL. Seine Aufgaben beschränken sich generell nicht nur auf planerische Aspekte, sondern beinhalten auch analytische Tätigkeiten (Wertanalyse, Zeitvorgaben und Personalbetreuung). Dementsprechend sind auch seine Tätigkeitsschwerpunkte: Leitung, Führung und Kontrolle, Orientierung (Produktionsdurchlauf, Produktionsmittel, Material), Terminplanung, Koordination usw.

- Die Fertigungssteuerung ihrerseits ist mit der unmittelbaren Fertigung sehr eng verbunden. Die Tätigkeitsfelder in der Fertigungssteuerung sind vor allem dispositiver Art: Einführung von Rationalisierungen, Betreuuung, Stücklistenkartei, Erstellen von Arbeitsplänen, Beurteilung von Werkstattzeichnungen, Ermitteln und Bereitstellen von Material bzw. Maschinen, Nachkalkulation usw.

4.2. Technische Applikationen

4.2.1. Computertechnologie in der Maschinenindustrie

(1) In einer <u>rückblickenden Betrachtung</u> zeigt sich, dass EDV seit ungefähr den 60er Jahren in der Maschinenindustrie eingesetzt wird. Dies waren damals zentralisierte Grossrechner, die vorab bei Grosskonzernen zu finden waren. Die Bedienung und der Gebrauch solcher Grossrechner verlangte, dass eigene, auf EDV-spezialisierte Abteilungen mit Spezialisten ins Unternehmens-Organigramm aufgenommen werden mussten.
Waren die Anwendungsschwerpunkte zunächst bei der Verarbeitung alpha-numerischer Daten und damit bei mathematischen Fragestellungen, drang die Computertechnologie sehr schnell in weitere Bereiche vor. Es wurden immer mehr auch administrative Aufgaben mit Hilfe der EDV bearbeitet (z.B. Buchhaltung, Kostenerfassung). Und heute ist - nicht zuletzt als Folge der enormen Leistungssteigerung und Verbilligung - die Computerunterstützung in fast allen Bereichen eines Betriebes anzutreffen.

(2) In der eigentlichen <u>Fertigung</u> ist die Computer-Anwendung schon relativ weit fortgeschritten. Man spricht in diesem Zusammenhang von Computer Aided Manufacturing (CAM). Es gilt verschiedene Stufen zu unterscheiden:

- NC-Maschinen (Numerical Control), die mittels eines vorprogrammierten Lochstreifens bzw. einer Stecktafel gesteuert werden

- CNC-Maschinen (Computer Numerical Control), die einen oder mehrere Mikrocomputer enthalten; die Steuersignale werden eingegeben und für die Bewegungen der Maschine umgesetzt

- DNC-Maschinen (Direct Numerical Control); hier wird die NC-Maschine direkt mit Daten aus einem zentralen Computer gesteuert

- FFS (Flexibles Fertigungssystem), das NC-Maschinen (bzw. CNC oder DNC-Maschinen) in Verbindung mit einem Transportsystem umfasst und durch ein überlagertes Informationsssystem gesteuert wird.

In den Bereich der Produktion gehören darüber hinaus
das CAP (Computer Aided Planning) als computergestützte
Produktionsplanung und -steuerung sowie CAQ (Computer
Aided Quality Assurance) als rechnerunterstützte Quali-
tätskontrolle am Ende der Fertigung.

(3) In den hier speziell untersuchten, der Fertigung
vorgelagerten Abteilungen F + E, Konstruktion und Arbeitsvorbereitung, sind noch - nebst dem unten noch genauer zu beschreibenden CAD - vorab die dezentralisier-
ten Computereinheiten, in Form von Personal Computer,
erwähnenswert. Sie sind im Prinzip kleine Universalrechner mit einer beschränkten Speicher- und Leistungsfähigkeit, die für viele der in den Abteilungen der Maschinenindustrie anfallenden Aufgaben eingesetzt werden
können. Voraussetzung dafür ist neben einer adäquaten
Hardware das Bestehen einer für die Aufgabenstellung
angepassten Software (vgl. Personal-Computer Lexikon,
1982). Eigentliche limitierende Faktoren beim Einsatz
von Personal Computern sind vor allem die Antwortge-
schwindigkeit bei der Verarbeitung von grossen Datenmengen und die Speicherkapazität.

(4) Werden Computersysteme verwendet, die über verschiedene Phasen und Funktionen verknüpft werden, so
spricht man von CIM (Computer Integrated Manufacturing).
Darin können nebst der technischen Vernetzung zwischen
Konstruktion und Fertigung auch benachbarte Anwendungen
wie Kostenrechnung, Lohnabrechnung, Absatzplanung und
Bestellwesen enthalten sein.
Im Hinblick auf die genannte integrative Wirkung ist,
praktisch synonym, vielfach auch von CAD/CAM-Systemen
die Rede. Der graphischen Datenverarbeitung kommt dabei
im ganzen Prozess eine entscheidende Bedeutung zu. Technisch ist sie zwar seit langem möglich, wirtschaftlich
aber erst seit kürzerer Zeit einsetzbar. Und weil CAD
für den einzelnen Arbeitsplatz in den ausgewählten Abteilungen so relevant ist, soll dieser Anwendung im folgenden Kapitel näher nachgegangen werden.

4.2.2. CAD-Systembeschrieb

4.2.2.1. Systemmerkmale

(1) CAD (Computer Aided Design) ist ein Oberbegriff für die "Anwendung elektronischer Rechenanlagen zur Durchführung geometriebezogener Aufgaben des Berechnens, der Zeichnungserstellung und der Arbeitsplanung" (Herbert 1983). Ohne Zwischenträger in Form von Papier kann direkt auf einem Bildschirm interaktiv konstruiert und berechnet werden. Bei diesem Prozess werden alle konstruktionsrelevanten Daten erfasst und gespeichert.

(2) Weltweit werden heute über 250 Computersysteme als sog. CAD-Systeme angeboten (vgl. Eigner/Maier 1982). Leistungsmässig kann das Angebot in drei Kategorien unterteilt werden:

- CAD-Anwendungen auf Grossrechneranlagen (z.B. IBM 3081): Dabei wird die Grossrechneranlage sowohl für CAD als auch für andere betriebsinterne Anwendungen benutzt (z.B. Buchhaltung). Durch diese Mehrfachbelegung können für die CAD-Anwendung Probleme entstehen, wenn die Rechnerkapazität schon sehr stark mit anderen Aufgaben beansprucht wird. Der CAD-Benutzer muss dann warten bis ihm genügend Rechnerkapazität zur Verfügung steht. Aus diesem Grund ist diese Art von CAD-Anwendung relativ selten.

- CAD-Anwendungen auf sog. Kompakt- oder Minicomputern der 32-Bit-Leistungsklasse: Zum heutigen Zeitpunkt ist diese Systemkategorie als die am meisten verbreitete CAD-Anwendungsart anzusehen. Der Basiscomputer steht dabei ausschliesslich für CAD-Aufgaben zur Verfügung. Diese Art von Systemen wird unten genauer beschrieben.

- CAD-Anwendungen auf 8-16 Bit-Personal-Computer (PC-CAD): In dieser Systemkategorie kann zum heutigen Zeitpunkt keine CAD-Anwendung im klassischen Sinn stattfinden. Sowohl Hard- wie Softwaremässig sind die für CAD notwendigen Leistungen noch ungenügend. Allenfalls kann heute PC-CAD zur Bearbeitung von einfachen Zeichnungsaufgaben verwendet werden.

(3) CAD-Anwendungen werden vielfach als <u>schlüsselfertige Systeme</u> angeboten. Hard- und Software sind dabei aufeinander abgestimmt und bilden eine Einheit. Dadurch wird versucht, für das Gesamtsystem eine optimale Leistungsfähigkeit zu erreichen (vgl. Eigner/Maier, S. 20). Ueblicherweise sind diese Systeme ohne spezielle Anpassung zur Zeichnungserstellung eigenständig einsetzbar, weshalb man auch von stand-alone-Systemen spricht. Dies gilt indes bei amerikanischer Software nur, wenn sie auf europäische Konventionen angepasst ist, so etwa im Hinblick auf die Umklappmethode (z.B. Seitenriss), Art der Vermassung und Bearbeitungsangaben.

(4) Der <u>Preis</u> für ein solches schlüsselfertiges System, bestehend aus Zentralcomputereinheit, Software sowie 1-2 Arbeitsstationen liegt heute in der Grössenordnung von 250'000.- bis 500'000.- Franken. Rechnet man noch die betriebsintern entstehenden Kosten für Evaluation, Einführung, Schulung und Softwareanpassung hinzu, so entstehen insgesamt Kosten von rund Fr. 900'000.- bis 2'600 000.-, wobei zusätzlich ca. Fr. 100'000.- an jährlichen Betriebskosten anfallen (Stanek 1983).

(5) Grundsätzlich besteht ein CAD-System, wie die Computer allgemein, aus zwei Systemkomponenten:

- Der <u>Hardware</u>: So bezeichnet man alle elektronischen, mechanischen, magnetischen und elektrischen Bestandteile eines Computersystems. Dazu zählen z.B. der Bildschirm, die Eingabetastatur, die Rechnereinheit.
- Der <u>Software</u>: Sie bezieht sich auf alle Programme eines Computersystems. Dazu gehören z.B. das Betriebssystem, das Mikroprogramm und die Anwenderprogramme.

(6) In Anbetracht der herrschenden Systemvielfalt ist die Beschreibung einer CAD-Anlage nur anhand eines <u>realtypischen Systems</u> möglich. Die folgenden Ausführungen beziehen sich deshalb auf eine weit verbreitete Systemkategorie, es handelt sich um die oben genannten CAD-Systeme auf der Basis von Mini- oder Kompaktrechnern der 32-Bit-Klasse.

4.2.2.2. Hardware

(1) Die typische <u>Hardwarekonfiguration</u> besteht aus drei wesentlichen Elementen:
- den dezentralen Arbeitsstationen
- einem zentralen CAD-Rechner
- den peripheren Geräten zur Ausgabe und Archivierung der Daten.

<u>CAD-Arbeitsstation</u>

(2) Die <u>Arbeitsstation</u>(oder work-station) ist jener Teil des Systems, mit dem der Benutzer unmittelbar konfrontiert wird. Weil die Arbeit des Benutzers im wesentlichen hier stattfindet, stellt die Arbeitsstation den eigentlichen CAD-Arbeitsplatz dar.
In den Terminals sind z.T. 8 bzw. 16 Bit-Prozessoreneinheiten integriert, die wie grössere Rechner aus Leitwerk, Rechenwerk und Registern bestehen (vgl. Eigner/Maier 1982, S. 264). Im graphischen Terminal übernehmen Mikroprozessoren lokale Aufgaben wie z.B. Rotation, Translation und Berechnungen. Dadurch wird der zentrale Rechner entlastet und man erhält schnellere Antwortzeiten. Je höher die lokale Rechnerleistung ist, desto mehr Operationen können am graphischen Terminal selber durchgeführt werden. Dementsprechend spricht man je nach Anzahl Mikroprozessoren auch von mehr oder weniger "intelligenten Terminals".

(3) Die <u>Dateneingabe</u> wird am Terminal vorgenommen. Dazu dient u.a. die <u>alphanumerische Tastatur</u>. Sie ist das klassische Eingabegerät. Auf ihr werden Zahlen, Zeichen und Buchstaben in das Terminal eingegeben.
Zur Unterstützung ist oft noch eine <u>Funktionstastatur</u> angeschlossen, auf der häufig verwendete Funktionen einer bestimmten Taste zugeordnet sind. Bei diesen Funktionen kann es sich um Kommandos bzw. um graphische Symbole, wie z.B. "zeichne eine Schraube" handeln.

Fig. 4/7

CAD-Arbeitsstation

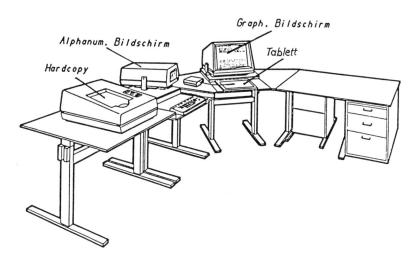

Quelle: Eigner/Maier 1982

(4) Das Tablett, eine weitere Eingabekomponente, stellt das eigentliche elektronische Zeichenblatt dar. In den meisten Fällen ist das Tablett kleinformatig (z.B. 40x40cm). Ueblicherweise können auf zwei Arten Daten in das CAD-System eingegeben werden:

- Einerseits ist entweder die Fläche am Rande des Tablettes oder das ganze Tablett in einzelne Flächensegmente aufgeteilt. Jedem einzelnen dieser Felder ist eine Kommandofunktion oder eine Geometrieformation zugeordnet (sog. Menues). Wird nun ein einzelnes Feld mit dem Positioniergerät angetippt, so wird dadurch das entsprechende Kommando in das Terminal eingegeben. Ein Tablett kann bis zu 200 solcher Felder enthalten (vgl. Obermann 1983, S.198).

- Andererseits ist in der Regel die Fläche des Tablettes zur Bildschirmfläche referenziert. Die Aufteilung der beiden Flächen von Tablett und Bildschirm entsprechen dabei einem übereinstimmenden Koordinatensystem (x,y). Demzufolge kann jeder durch die Koordinaten bestimmte Punkt auf der Tablettfläche einem bestimmten Punkt auf dem Bildschirm zu-

Fig. 4/8
Eingabekomponenten

Alphanumerische Tastatur
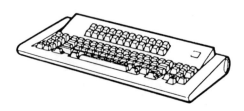

Funktionstastatur
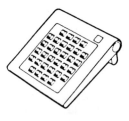

Tablett
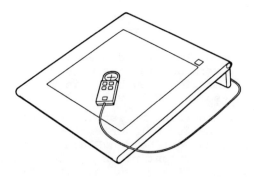

Quelle: IBM

geordnet werden. Dank dieser Uebereinstimmung ist
die Eingabe von graphischen Daten bzw. das "Zeichnen"
auf dem Bildschirm möglich.

Fig. 4/9
Verbale und symbolische Gestaltung von Menuefeldern

							GESCHW. SCHNELL	GESCHW. MITTEL	GESCHW. LANGSAM
		IX	IY	IZ					
		7	8	9	LOESCHE	POSIT. STIFTE	STIFT 1	STIFT 2	STIFT 3
		4	5	6	BEFEHL ENDE	DIG		ALLES	NEU
		1	2	3	ELEMENT	END-PUNKT	STOP	ENDE	DIS
		—	O		PUNKT	LINIE			
		TYP	TYP	TYP	KREIS	BILDE GRUPPE			

Quelle: Eigner/Maier 1982

(5) Das <u>Positioniergerät</u> bzw. Zeigegerät dient dazu,
vom Tablett aus geometrische Informationen einzugeben. Diese Informationen werden im Terminal durch
den Rechner zu rechnerinternen Modellen verarbeitet und
auf den Bildschirm projiziert. Wenn das Tablett
das elektronische Zeichenblatt darstellt, dann ist das
Positioniergerät der elektronische Zeichenstift. Als
Positioniergeräte werden benützt: Maus, Puck, Leselupe
und Fadenkreuz.
Neben diesen Eingabegeräten sind zur Hauptsache noch
zwei andere Eingabe-Elemente im Sinne eines Positionier-
gerätes verwendbar:
- Joy-Stick bzw. Steuerknüppel und Rollerball sind
  elektrische Potentiometer, die in zwei Achsen
  (x und y) steuerbar sind und dazu benutzt werden
  können, einen bestimmten Punkt des x/y-Koordina-
  tensystems des Bildschirms anzusteuern. Dabei
  wird die jeweilige Position am Bildschirm durch
  einen hellen Markierpunkt oder Cursor angezeigt
  (vgl. Eigner/Maier 1982, S.25).

- Der Lichtgriffel, der die Form eines Bleistiftes hat, jedoch an seiner Spitze mit einer Linse ausgerüstet ist: Auf einen bestimmten Punkt des Bildschirms gerichtet, wird dieser Punkt generiert. Dadurch kann sowohl eine Identifikation des Elementes auf dem Bildschirm vorgenommen werden als auch ein Punkt, an dem eine Zeichnung beginnen soll, markiert werden (vgl. Eigner/Maier 1982, S.26). Werden etwa zwei unterschiedliche Punkte A und B auf der Bildschirmoberfläche generiert und mittels der Funktionstastatur der Befehl eingegeben "Zeichne eine Linie von A nach B", so kann auf diese Weise z.B. eine Kante gezeichnet werden.

(6) Zur Visualisierung der graphischen Informationen sind CAD-Arbeitsstationen mit einem <u>graphischen Bildschirm</u> ausgestattet. Daneben ist zur Wiedergabe der alphanumerischen Information z.T. noch ein kleinerer nicht graphischer Bildschirm vorhanden.
Die graphischen Bildschirme, die teilweise auch farbfähig sind, haben normalerweise eine Grösse (diagonal) von 13-19 Zoll. Teilweise sind auch grössere Formate anzutreffen (vgl. Obermann 1983, S. 161ff.).
Vom Konstruktionsprinzip her sind zwei Arten zu unterscheiden:

- Bildschirme nach dem Speicherprinzip: Dabei handelt es sich immer um Vektorbildschirme. Sie haben gestochen scharfe Bilder, hohe Darstellungskapazitäten und einen flimmerfreien Bildschirminhalt. Ein Nachteil ist die Kontrastarmut, was eine Verdunkelung des Standortraumes bedingt und eine Stationierung des Bildschirms am herkömmlichen Arbeitsplatz verhindert. Ausserdem sind keine selektiven Bildänderungen möglich.

- Bildschirme nach dem Wiederholungsprinzip (sog. Refresh-Bildschirme): Diese Bildschirme weisen die genannten Nachteile nicht auf. Sie sind kontrastreich (also am Arbeitsplatz installierbar) und Bewegungsabläufe sind am Bildschirm möglich. Umgekehrt haben die Refresh-Bildschirme den Nachteil, dass sie nicht flackerfrei sind. Sie können auf dem Vektorprinzip oder dem Zeilenrasterprinzip aufgebaut sein.

Um graphikfähig zu sein, müssen die Bildschirme u.a. über eine hohe Bildauflösung verfügen. Für vollgraphische und farbfähige Vektorbilder kann die Auflösungsdichte bis zu 1024×1024 Punkte oder Pixels betragen. Auf einem solchen Bildschirm können insgesamt bis zu 4096 Farben erzeugt werden, wobei im Maximum 256 Farben gleichzeitig dargestellt werden können.

(7) Die Arbeitsstation wird z.T. ergänzt durch ein Hardcopygerät. Damit kann der Bildschirminhalt fotographisch festgehalten und auf Papier kopiert werden.

Die Rechnereinheit

(1) Der zentrale CAD-Basisrechner ist ein leistungsfähiger technisch/wissenschaftlicher 32 Bit Minicomputer. Meist wird dieser Computer ausschliesslich für CAD verwendet. Mit Rechnern dieser Leistungsklasse sind heute auf engem Raum Rechenkapazitäten vorhanden, die vor einigen Jahren nur auf Grossrechenanlagen vorzufinden waren.

(2) Hohe Leistungsfähigkeit und/oder Input-Outputfähigkeit des Rechners sind Voraussetzungen, um die generellen Ansprüche zu erfüllen, die an ein CAD-System gestellt werden:

- An einem Basisrechner müssen gleichzeitig mehrere Terminals anschliessbar sein. Bei 32-Bit-Rechnern können dies zwischen 8 - 10 Terminals sein.

- Auch wenn mehrere Terminals gleichzeitig besetzt sind, müssen beim Verkehr zwischen Terminal und Basisrechner möglichst kurze Antwortzeiten gewährleistet sein.

- Komplexe Berechnungen bzw. Operationen wie Finite-Elemente, 3D-Darstellungen in Farbe oder Soft Simulation (Kinematik) sind nur dank leistungsfähigen Basisrechnern möglich. Die Rechnerleistung des Terminals selber reicht dazu nicht aus.

(3) Die einzelnen Funktionsbausteine eines CAD-Systems sind untereinander über schnelle Datenkanäle bzw. einen Datenbus verbunden. Analog zu einem Autobussystem werden an den einzelnen "Haltestellen" bzw. Prozessoren Daten aufgenommen, weitertransportiert und abgeladen.
Die Ablaufsteuerung und die Ausführung der einzelnen Verarbeitungsschritte wird dabei von einem Zentralprozessor aus gesteuert. Zusammen mit dem Hauptspeicher und dem Rechenwerk wird diese Kombination auch als CPU (Central Processing Unit) bzw. Zentraleinheit bezeichnet (vgl. Eigner/Maier 1982, S.38).

Die Peripherie

(1) Im Gegensatz zur CAD-Arbeitsstation ist die eigentliche Peripherie nicht arbeitsplatzgebunden, sondern kann auch an einem anderen Ort installiert sein.

(2) Der Speicher des CAD-Rechners wird im allgemeinen durch ein leistungsfähiges Speichersystem ergänzt. Darauf können sowohl selten gebrauchte Softwareteile als auch alle an der Workstation eingegebenen Daten bzw. erzeugten Informationen gespeichert werden. In diesem Fall funktioniert der Speicher auch als zentrale Datenbank und stellt gewissermassen das Gedächtnis der Unternehmung dar. Speicher von CAD-Systemen können sowohl Magnetplatten-Speicher mit mindestens 80 Megabyte als auch Magnetbandspeicher sein. Pro Megabyte können etwa 10 bis 20 Din-A3-formatige Zeichnungen gespeichert werden (vgl. Eigner/Maier 1982, S.36).

(3) Zur Ausgabeperipherie gehören die Plotter. Das sind automatische, rechnergesteuerte Zeichenmaschinen, die benötigt werden, um die rechnerinternen Daten auf Papier in Form von Plänen auszudrucken. Es werden unterschieden:

- Mechanische Trommel- oder Flachtischplotter, in denen verschiedenen Zeichenwerkzeuge wie Tuschestift, Faser- oder Kugelschreiber eingespannt werden können. Insofern spricht man auch vom Stift- oder Penplotter (vgl. Obermann 1983, S.184ff.). Stiftplotter werden vor allem zur Ausgabe von Linien oder Strichdarstellungen eingesetzt.

- Elektrostatische Plotter, welche vollfarbige schattierte Bilder erzeugen können. Feine Nadeln übertragen punktweise Informationen auf ein Spezialpapier. Die so geladenen Zonen nehmen Toner auf, der durch Einbrennen fixiert wird.

- Inkjet oder Tintenstrahl-plotter erzeugen die Zeichnungen, indem aus verschiedenen Behältern die jeweilige Farbe durch feine Düsen auf das Papier gespritzt wird. Dadurch können u.a. auch Farbdarstellungen erzeugt werden.

4.2.2.3. Software

(1) Ausschlaggebend für die Leistungsfähigkeit des CAD-Systems ist neben der Hardware auch die Software. Nicht zuletzt hängen davon die spezifischen Anwendungsmöglich=keiten ab.

(2) Die unterste Stufe, die in allen Rechnern vorhanden ist, ist die Betriebssystem-Software. Sie stellt die Kopplung zwischen den einzelnen Anwenderprogrammen und der Systemhardware dar. Da üblicherweise die CAD-Systeme auf einem sog. Universalrechner implementiert sind, setzt die CAD-Software auf dem Standardsystem des Rechners an. Erst das Vorhandensein und die Struktur der Betriebssoftware ermöglicht den CAD-angepassten polyvalenten Betrieb des Rechners. Im Falle von CAD muss die Betriebssystemsoftware vor allem zwei Anforderungen genügen (vgl. Eigner/Maier 1982, S.40):

- Das CAD-System muss im sog. Realtime oder allenfalls Time-slice-Verfahren betrieben werden können, um die interaktive Dialogorientierte Rechnerbenutzung zu ermöglichen. Die Ausführung des jeweiligen Programmes wird unmittelbar bei Aufruf durch den Benutzer durchgeführt.

- Das CAD-System muss als Mehr-Benutzerbetrieb in Form eines Teilnehmersystems genützt werden können. Jeder Teilnehmer soll dabei sein Terminal unabhängig vom Nachbarn so benutzen können, als stünde ihm die ganze Rechneranlage allein zur Verfügung. Um dieses Ziel zu erreichen, muss der Arbeitsspeicher und die CPU des Rechners im sog. Time-Sharingverfahren in einzelne Arbeitszeitintervalle aufgeteilt werden. Je nach Prioritätsregelung wird dann dem einzelnen Benutzer CPU-Zeit zugewiesen.

(3) Neben der Betriebssystem-Software enthält jedes CAD-System auch noch eine Anwendungssoftware. Diese ist branchen- bzw. produktspezifisch konzipiert und bestimmt wesentlich das jeweilige Anwendungsspektrum des CAD-Systems. So kann ein Anwendungssoftwarepaket z.B. speziell für die Bedürfnisse der Maschinenindustrie konzipiert sein. Architektonische Aufgaben sind dann mit einem solchen Paket nur schwer zu bearbeiten.

Generell können verschiedene Funktionskomplexe der CAD-System-Software unterschieden werden (Eigner/Maier 1982, S. 41). Davon sollen jene zwei, die das Geometrieprogramm bestimmen, kurz erläutert werden.

(4) Für die rechnerinterne Darstellung können prinzipiell drei Formen ausgemacht werden:

- Mit einem 2-dimensionalen (2-D) Softwarepaket können zweidimensionale Zeichnungen erstellt werden. Im wesentlichen handelt es sich dabei um Rissdarstellungen. Zum heutigen Zeitpunkt finden ca. 80% der CAD-Anwendungen im 2-D-Bereich statt (vgl. Obermann 1983, S. 32).

- 2,5-D-Softwarepakete erlauben es, zusätzlich noch einen weiteren Parameter zu verarbeiten. Um einen Körper zu verschieben oder zu drehen, wird rechnerintern ein um den eingegebenen Parameter (z.B. Rotationsachse) erweitertes 3D-Modell erzeugt. Die so gespeicherten Daten können insbesondere auch für die NC-Verarbeitung gebraucht werden.

- 3-D-Softwarepaktete erlauben das Modellieren von Gegenständen bzw. deren räumliche Konstruktion. Alle notwendigen Daten werden dabei rechnerintern so gespeichert und verarbeitet, dass theoretisch eine beliebige Anzahl Zeichnungsansichten und Schnitte erzeugt werden können. "Man kann quasi um ein Bauteil herumgehen und es von allen Seiten betrachten" (Obermann 1983, S. 35). Dadurch ist es teilweise möglich, räumliche Bewegungsabläufe im Sinne der Softsimulation bzw. Kinematik zu erzeugen.

(5) Neben der rechnerinternen Modellform wird das Geometrieprogramm noch durch die softwareabhängige Art des formalen Geometriemodells festgelegt. Geometriemodelle unterscheiden sich u.a. durch die Menge der Daten, die zu ihrer Erzeugung verarbeitet werden müssen. Vor allem im 3D-Bereich differenziert man zwischen drei Geometrieformen (vgl. Obermann 1983, S. 36ff.):

- Das Draht-Modell gibt die Umrisse (Kanten) der Gegenstände (Körper) wieder. Ein Schneiden oder Durchdringen von Flächen und ein Ausblenden von verdeckten Kanten ist kaum möglich. Draht-Modelle haben deshalb einen relativ geringen Informationsgehalt.

Fig. 4/10
Geometriemodelle

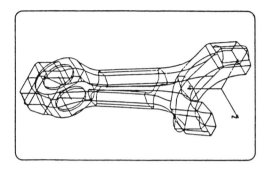 Drahtmodell

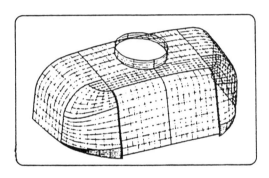 Flächenmodell

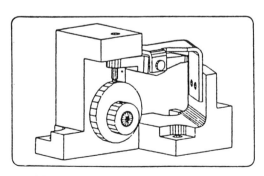 Volumenmodell

Quelle: IBM

- Bei Flächenmodellen wird ein Körper in verschiedene geometrische Standardflächen unterteilt (Ebene, Zylinder, Kugel, Kegel, Rotationsfläche usw.), wobei rechnerintern nur die den Gegenstand begrenzenden Oberflächen festgelegt sind. Die Information, auf welcher Seite der Fläche das Volumen vorhanden ist, fehlt hingegen.
- Volumenmodelle sind die genauesten Nachbildungen der Wirklichkeit, d.h. es ist die Möglichkeit einer mathematisch vollständigen Darstellung gegeben. Der Körper wird so dargestellt wie er später erscheint. Dies ist ein sehr rechenaufwendiger Prozess, bei dem bei einer grossen Datenfülle die Grenzen der Leistungsfähigkeit des CAD-Systems bald einmal erreicht werden.

4.2.2.4. Entwicklungstrends

(1) Die weitere, absehbare Entwicklung im Bereich der CAD-Systeme schliesst im wesentlichen an den heutigen Merkmalen an. Oder anders ausgedrückt: Es werden sich keine eigentlichen Revolutionen ereignen, vielmehr werden die heutigen Systemkomponenten weiter entwickelt. Der Fortschritt dürfte dabei auf vier Ebenen stattfinden, und zwar bei

- den Kosten
- der hardware
- der software sowie
- dem System als ganzes.

(2) Die heutigen Systeme sind noch relativ teuer, v.a. wenn man den Preis in Beziehung setzt zum möglichen Anwenderpotential in der Maschinenindustrie. Im Hinblick auf die Wirtschaftlichkeit sind aufgrund der weiteren Verbilligung der Mikroelektronik zwei Tendenzen zu erwarten (vgl. auch Herbert 1984):

- einerseits werden für die zahlungskräftigen Anwender noch leistungsfähigere Systeme angeboten,
- andererseits wird versucht, die Leistungssteigerung pro Preiseinheit so zu nutzen, dass auch komplexere Systeme auf Personal Computern angewendet werden können.

(3) Auf der <u>Hardware</u>-Ebene kann angenommen werden, dass insbesondere das Preis/Leistungsverhältnis weiterhin sinkt. Dies führt zu folgenden Applikationsfortschritten:

- Die zentralen Datenbanken werden ausgebaut. Dadurch steht mehr Speicherkapazität zur Verwaltung der Daten in der "Bibliothek" zur Verfügung.

- Die zentralen Rechenkapazitäten werden erhöht, wodurch die Leistungsfähigkeit und die Anwendungsmöglichkeiten ansteigen.

- Die Speicher- und Rechnerleistung der dezentralen Arbeitsstationen wird erhöht. Lange Antwortzeiten entfallen weitgehend.

- Hardware-Einzelteile (Bildschirm, Plotter usw.) werden im Baukastensystem von verschiedenen Herstellern angeboten.

- Interaktives Arbeiten mit kurzen Antwortszeiten wird auf der Stufe des Personal Computers möglich sein.

(4) Ein noch mangelhaftes, standardisiertes <u>Softwareangebot</u> ist heute eines der grössten Hindernisse für den Einsatz von CAD. Hier werden sich ganz entscheidende Veränderungen ergeben:

- Die Software wird anwenderfreundlicher. CAD-Systeme können immer mehr auch ohne besondere EDV-Kenntnisse bedient werden.

- Für viele Bereiche werden Standardprogramme entwickelt, die einen leichten Zugang für zusätzliche betriebsspezifische Informationen ermöglichen.

- Die Software wird billiger, da der Abnehmermarkt wächst.

- Manipulationen, die heute noch zeitraubend sind (z.B. Ausblenden von verdeckten Kanten, Berechnungen nach der Finite-Elemente-Methode) werden dank verbesserter Software schneller und einfacher ausgeführt.

- Bessere Software hilft mit, neue Anwendungsbereiche zu erschliessen.

- Dreidimensionales Arbeiten in Farbe wird vermehrt möglich.

- In der Bibliothek können auch betriebsfremde Daten, Makros, Normen usw. abgerufen werden (z.B. von Zulieferanten).

(5) Auf der <u>Systemstufe</u> ist vor allem eine Ausweitung der Anwendungsmöglichkeiten zu erwarten:

- Branchenübergreifende CAD-Systeme werden entwickelt. Mit ihnen können am selben System Aufgaben aus verschiedenen Branchen bearbeitet werden.
- Die CAD/CAM-Integration wird verbessert. Die Systeme werden leichter abteilungs- und betriebsübergreifend einsetzbar sein.
- Die verschiedenen technischen Interfaces (z.B. Schnittstelle zur Fertigung) werden besser definiert und Daten direkt übertragbar.
- Die Anstrengungen für Standardisierung bzw. zur Kompatiblität gewisser Systeme werden fortgesetzt (graphische Normen wie GKS und IGES).
- Künstlich intelligente Expertsysteme, die das Vorgehen von menschlichen Fachexperten simulieren, werden entwickelt. Spezialwissen wird abrufbar; die Systeme sind in der Lage, analytisch vorzugehen und Handlungsdimensionen aufzuzeigen und zu überprüfen.
- Realtime-Soft-Simulation 3D und in Farbe ermöglicht es auf dem Bildschirm, Ablauf- und Kollisionsüberprüfungen vorzunehmen (z.B. berühren sich beim programmierten Ablauf die Arme der Roboter?).
- CAD/CAM ermöglicht in Teilbereichen den Einsatz von flexiblen Fertigungssystemen. Vollautomatisierte Fabriken können in Geisterschichten ohne Bedienungspersonal betrieben werden.

4.2.3.   Anwendungen in der Maschinenindustrie

4.2.3.1.   Betriebliche Voraussetzungen

(1) In welchen Sparten können nun CAD und ähnliche Technologien eingesetzt werden. Ausgehend von den beschriebenen Arbeitstechniken (Kap.4.1.) eröffnet sich ein breites Spektrum. Welche Einsatzpotentiale bestehen und wo dann CAD tatsächlich zur Anwendung kommt, das ist von einer ganzen Reihe von <u>Einsatzbedingungen</u> abhängig. Einige sollen kurz aufgeführt werden:

- Vor allem grössere Betriebe sind finanziell, von der
  Personalstruktur und von der Seriengrösse her eher in
  der Lage, CAD einzusetzen. Bei den heutigen Kosten
  sind CAD-Systeme (v.a. die komplexeren Anwendungen)
  vorab für Betriebe wirtschaftlich, die die Anlage
  auch voll auslasten können. Die von uns besuchten Firmen sind denn auch den Grossunternehmen zuzurechnen.
  Angesichts der Verbilligung der Systeme dürften aber
  auch die kleineren und mittleren Betriebe sehr bald
  in die Lage kommen, CAD einführen zu können.
- Standardisierbare Produkte bzw. Produktteile weisen
  besonders gute Applikationsvoraussetzungen auf. Damit
  kann ein CAD-System vor allem dann wirtschaftlich betrieben werden, wenn immer wieder Varianten oder Aenderungen bei grundsätzlich gleichen Standardteilen
  gefertigt werden müssen.
- Je tiefer die Werkstückkomplexität, desto eher sind
  Wiederholeffekte erzielbar, desto eher lässt sich aber
  auch CAD einsetzen (vgl. Fig.4/11).
- Der Anwendungsgrad ist von der Produktelinie abhängig
  (vgl. u.a. Schnirel/Turnheer 1984). Einige Beispiele
  hierzu: Leiterplattenkonstruktion mit bereits starker
  Kopplung zur Fertigung, Schematechnik mit automatischer Fehlerkontrolle und Schemaauswertungen, mechanische Konstruktion mit unterschiedlichen Arbeitsweisen sowie der sehr weit gediehene Flugzeugbau.
- Und schliesslich sind einzelne Tätigkeiten oder Aufgaben besser automatisierbar (wie z.B. die Zeichnungserstellung), während andere Aufgaben (z.B. der kreative Entwurf) einer CAD-Anwendung a priori weniger
  gut zugänglich ist.

(2) Einsatzschwerpunkte sind darüberhinaus von den <u>Zielen</u>
abhängig, die ein Unternehmen mit der CAD-Einführung verfolgt. Diese sind im grossen und ganzen vergleichbar mit
der Motivation, die zur Automatisierung oder - neuestes
Beispiel - den Textautomaten im Sekretariat geführt hat.
Von den besuchten Unternehmen wurden im Detail genannt:

- Kosteneinsparungen im Planungsprozess, vorab jedoch in
  der Fertigung (z.B. durch fertigungsgerechtere Konstruktion)
- Qualitätssteigerung, und zwar der Konstruktionsunterlagen
  einerseits und des Endproduktes andererseits
- Verminderung der Durchlaufzeiten und dadurch Flexibilisierung (dieses Ziel steht bei den von uns besuch-

Fig. 4/11
Einsatzschwerpunkte und Werkstückkomplexität

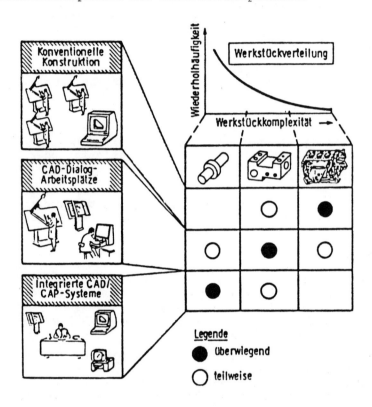

Quelle: Teilausschnitt aus Eversheim/Radermacher, zit. nach Hoss 1983

ten schweizerischen Unternehmen noch nicht im Vordergrund, dürfte angesichts enger werdender Märkte aber an Bedeutung gewinnen)

- Aufholen eines technologischen Rückstandes bzw. Erreichen eines Vorsprungs.

Von deutschen Studien werden weitere Ziele - z.T. allerdings als Rechtfertigungsziele deklariert - genannt (z.B. Wingert et al. 1984, S.24ff.), so etwa beschaffungsmarktbezogene Ziele (z.B. zum Ausgleich eines Arbeitskräftemangels) oder tätigkeitsbezogene Ziele (z.B. Entlastung von Routinetätigkeiten). Im Zusammenhang mit unseren Unternehmensgesprächen sind solche Argumente eher selten aufgetaucht. Der konkrete Entscheid wurde vielmehr - zumindest in der jetzigen Phase - an den obengenannten Argumenten festgemacht.

4.2.3.2. Anwendungsmöglichkeiten in den einzelnen Abteilungen

(1) In der Forschung und Entwicklung (F + E), mit den ihr eigenen Aufgaben, werden Computertechnologien schon seit ihrem Bestehen eingesetzt. CAD-Systeme bringen somit keine grundlegend neue Verfahren als vielmehr eine Verbesserung vorhandener Aufgabenlösungen oder eine Schwerpunktverlagerung. Dazu gehören:

- Finite-Elemente-Methode (FEM): Grundsätzlicher Gedanke ist dabei, dass technische Gebilde in einfache (finite) Elemente zerlegt werden (Obermann 1983, S.78). Damit lassen sich statische und dynamische Berechnungen über Festigkeit und Verformungen durchführen. Der Vorteil liegt darin, dass Bauteile optimiert und in der Konstruktion auf ihren effektiven Verwendungszweck abgestimmt werden können. Dadurch kann der Sicherheitsfaktor gesenkt werden, was z.B. im heutigen, durch Leichtbauweise gekennzeichneten Flugzeugbau wesentlich ist (Sock 1984, S.48).

- Simulation: Ein Grossteil von Simulationen (z.B. Aerodynamik) kann und wird heute auf Computern geleistet. Die Eisenphase wird durch weitere Computerphasen abgelöst, die mechanische analoge Simulation weicht der digitalen Simulation. Dies kann die gesamte Entwicklungszeit ganz erheblich verkürzen, weil es z.T. keine Prototypen mehr gibt. Als Beispiel: das Flugzeug Nr. 1 ist bereits technisch gleichwertig mit der Serie (Sock 1984, S. 47).

(2) Der Anwendungsschwerpunkt des eigentlichen CAD liegt zweifellos in der Konstruktionsabteilung. Ausgehend von einer weitgehend traditionellen Arbeitstechnik mit Reissbrett und Tuschstift ist denn auch der Einschnitt hier am grössten. Ganz grob können folgende Anwendungsprogramme unterschieden werden (Schnirel/Turnherr 1984):

- Neukonstruktion, die bei der Entwicklung neuer Produkte zur Anwendung gelangt

- Aenderungskonstruktion, die zur Anpassung bestehender Produkte gebraucht wird

- Variantenkonstruktion, mit der aufgrund kundenspezifischer Parameter Standardbauteile ausgewählt und zusammengesetzt werden.

Diese Anwendungen umfassen die geometrische Modellierung, Berechnung, Zeichnungserstellungsprogramme sowie die Datenweiterverarbeitung (Stücklisten, NC-Programmdaten usw.). Ein wesentlicher Vorteil kommt bei der Variantenkonstruktion und der Aenderungskonstruktion zum Tragen: einmal konstruierte Teile können als sog. Makros gespeichert und jederzeit als einzelne Module abgerufen und verwendet werden.

Das aktuelle Anwendungsstadium klafft noch relativ weit auseinander. Derweil die von uns besuchte Flugzeugfabrik schon relativ weitgehende Applikationen aufweist, sind die schweizerischen Firmen noch eher im Anfangsstadium. CAD wird vorwiegend, allerdings nicht ausschliesslich, als 2-D-System für die Zeichnungserstellung (Drafting) eingesetzt.

(3) In der AVOR hat die Computertechnologie, wie bereits früher ausgeführt, nur partiell Einzug gehalten. Wichtigstes Merkmal ist indes, dass auch dort, wo EDV benutzt wird - z.B. Stücklisten, Arbeitspläne, Lohn- und Materialscheine - meist im Stapelbetrieb gearbeitet wird.

Fig. 4/12

CAD-Anwendung in der Konstruktion

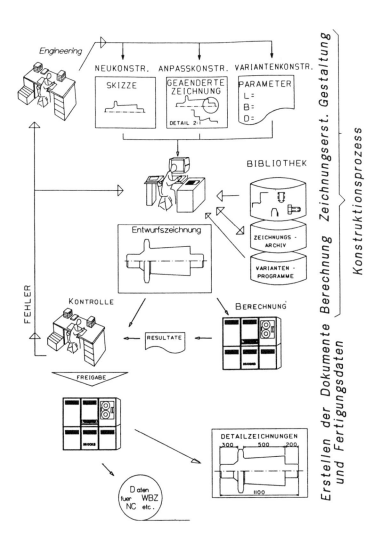

Quelle: Schnirel/Turnherr 1984

Die grosse Veränderung in der AVOR ist somit in der
Dialogfähigkeit von CAD zu sehen, mit dem Vorteil, dass

- die nicht vorausplanbaren Einflüsse dem aktuellen
  Stand entsprechen
- Formulare und Listen nicht mit grossem Aufwand permanent angepasst werden müssen (Zimmermann 3, 1983, S.92).

Damit ist CAD geeignet, die Fertigungssteuerung stärker zu unterstützen. Aber auch für die Fertigungsplanung ergeben sich weitere Anwendungsformen. Hier werden bis anhin Computer im wesentlichen nur zur Lösung von Einzelproblemen herangezogen, während CAD eine umfassendere Anwendung bewirkt. So können z.B. die von der Konstruktion gelieferten Werkstattpläne (oder Daten) interaktiv, fertigungsgerecht weiter bearbeitet werden und die Fertigungspläne voll maschinell erstellt oder abgeändert werden (Dobler 1982, S.45). Zum Tragen kommt CAD in der AVOR allerdings erst dann, wenn die Kopplung mit anderen Abteilungen möglich ist, so etwa mit der Material- bzw. Lagerwirtschaft und v.a. natürlich mit der Konstruktion.

Die besuchten Betriebe der Maschinenindustrie in der Schweiz sind in der AVOR noch recht traditionell ausgerüstet. Computer werden eher selten und CAD vorläufig nur sehr vereinzelt eingesetzt.

(4) Damit ist auch schon einiges über den Stand der <u>Integration</u> von CAD/CAM-Systemen ausgesagt. Heute dominieren sogenannte Insellösungen, das heisst CAD wird in einzelnen Abteilungen gebraucht, ohne dass eine eigentliche Vernetzung besteht. Zwischen den Abteilungen sind immer noch Schnittstellen, die durch Uebergabe von Papier (Pläne, Stücklisten, Zahlen usw.) definiert sind. Ziel ist es aber meist, mittel- und langfristig eine höhere Integration zu erreichen, bei der anstelle des Papiers, Daten im System transferiert werden.

4.3. Auswirkungsbeschrieb

4.3.1. Methodische Vorbemerkungen

(1) Bevor die eigentlichen Auswirkungen der oben beschriebenen Technologien dargestellt werden sollen, sind noch einmal einige methodische Vorbemerkungen angebracht. Methodische Vorbemerkungen, die über die allgemeinen Hinweise des Kapitels 2 hinausgehen und sich spezifisch auf die Auswirkungen in der Maschinenindustrie beziehen. Dabei geht es u.a. darum, die Aussagen soweit zu spezifizieren, dass aufgrund des Beschriebs keine Fehlinterpretationen vorgenommen werden.

(2) Wie schon früher ausgeführt, wird der Auswirkungsbeschrieb auf ganz unterschiedliche Informationsquellen abgestützt. Im Mittelpunkt stehen Benutzer- und Anwenderinterviews, die in einigen Firmen durchgeführt worden sind.
Verarbeitet werden 15 Gespräche mit eigentlichen Betroffenen (Konstrukteure, Zeichner usw.), wobei rund die Hälfte eine höhere technische Lehranstalt besucht hat. Dazu kommen 5 Interviews mit Verantwortlichen für die CAD-Einführung. Insofern können also die Aussagen nicht repräsentativ sein. Immerhin wurden sie mittels Experteninterviews (diesbezüglich waren rund 10 auswertbar) sowie analogen Untersuchungen aus dem Ausland abgestützt. Letztere werden bei Bedarf zitiert.

(3) Ein weiterer methodischer Fallstrick, der die Repräsentativität der Befragung relativiert, ist mit der Auswahl der Interviewpartner, welche die Systeme täglich benutzen, verbunden:
- Zum einen sind CAD-Terminals noch in keiner der besuchten Firmen so zahlreich, dass alle Konstrukteure und Zeichner daran arbeiten könnten. Für die CAD-Benützung wurden deshalb primär Freiwillige ausgewählt und das sind in der Regel Technologiebegeisterte. Eigentliche Akzeptanzprobleme fallen deshalb vorläufig dahin. Die

identifizierten Probleme dürften sich daher langfristig
- zumindest aus diesem Blickwinkel - eher verstärken.
- Die Selektion der Interviewpartner erfolgte im wesentlichen durch die besuchten Firmen selbst. Auch wenn keine Absicht dahinter steht, ist es doch wahrscheinlich, dass als Gesprächsteilnehmer keine Problemfälle ausgesucht wurden.

In diesem Sinne ist unser Approach durch eine zu positive Auswahl gekennzeichnet. Diesem Bias wird bei der Interpretation aber Beachtung geschenkt. Eine gewisse Absicherung konnte zudem auch hier über Experteninterviews erfolgen.

4.3.2. Veränderung der Arbeitsinhalte

4.3.2.1. Verlagerung der Tätigkeiten

(1) Es wurde schon in Kapitel 4.2.3. dargelegt, dass durch den CAD-Einsatz das traditionelle <u>Arbeitsinstrument</u> ersetzt wird. Anstelle von Reissbrettern kommen Bildschirme und statt Tuschzeichner, Lineale usw. werden Eingabetastatur, Leuchtstifte, Menuetabletts etc. verwendet. Dieser Wechsel vom herkömmlichen Arbeitsplatz zum computerunterstützten Arbeitsplatz ist eine Grundlage für einige, in der Folge näher zu beschreibender Tätigkeitsveränderungen.

Nebst diesen Hardware-bedingten Auswirkungen gibt es Veränderungen, die eher auf die angewendete Software zurückzuführen sind, so z.B. die Vorgehensweisen. Diese Tatbestände gilt es ebenfalls - wenn möglich integrativ - zu beschreiben.

(2) Was die Veränderungen der <u>Tätigkeiten</u> im einzelnen betrifft, sind in Fig. 4/13 einige Beispiele aufgelistet. Zunächst fällt auf, dass sich die Art und Weise, wie eine Aufgabe erledigt wird, durch den CAD-Einsatz verändert. Die im traditionellen Bereich vorhandenen Arbeiten fin-

den sich zwar grösstenteils auch nach der CAD-Einführung wieder. Der gleiche Arbeitsgang wird aber durch den Computer unterstützt und insofern sind andere Manipulationen notwendig. Um ein Beispiel zu nennen: Auch mit CAD sind bei Neukonstruktionen, Entwürfe und Detailpläne zu erstellen. Aber statt des Zeichenbretts wird eine interaktive CAD-Station als Arbeitsinstrument eingesetzt. Anstelle der manuellen Zeichentätigkeit tritt die Manipulation am Computer, der den rein mechanischen Teil am Zeichenvorgang übernimmt.

Was sich demzufolge ebenfalls stark verändert, sind die Tätigkeitsschwerpunkte. Es gibt nämlich Tätigkeiten, in denen die Computerunterstützung total ist, d.h. der Computer mehr oder weniger den ganzen Arbeitsakt übernimmt. Hierzu gehört z.B. das Ablegen und Wiederauffinden von Plänen. Bei der rein manuellen Durchführung nahm die Suche von Plänen z.T. soviel Zeit in Anspruch, dass eine Neuerstellung fast einfacher sein konnte. Der systematische Aufbau der Computer-Datenbank ermöglicht dem Computer dagegen eine sichere und schnelle Auffindung, wenn er entsprechend instruiert wird. Umgekehrt sind Grobskizzen zwar mit CAD durchaus durchführbar, werden aber im Vorstadium praktisch immer traditionell, also von Hand, angefertigt.

Der Grad der Betroffenheit ist indes davon abhängig, wieweit CAD bereits eingesetzt wird. Die aufgelisteten Tätigkeiten können auch nur selektiv einer Veränderung unterworfen sein. Und diese kann darüber hinaus mehr oder weniger ausgeprägt sein. So ist es durchaus möglich - s.o. - nur die eigentliche Detailkonstruktion auf CAD zu bearbeiten und hier erst noch nur einen Teilbereich. Der Rest würde dann ganz traditionell von Hand durchgeführt und ergänzt.

(3) Es sind vorab die einfachen Tätigkeiten, die - zunächst - einer CAD-Unterstützung zugänglich sind: das Reinzeichnen, die Stücklistenerstellung, das Bemassen usw. Von daher sind es auch <u>die Arbeitsplätze</u> mit einem hohen Anteil einfacher Arbeiten, welche prima vista durch CAD verändert werden. Zieht man in Betracht, dass ein Grossteil der vorläufig automatisierbaren Tätigkeiten in der Konstruktionsabteilung zu finden sind, so ist auch hier die grösste Veränderung zu erwarten. Dies dürfte im übrigen nicht zuletzt ein Grund dafür sein, dass die Auswirkungen von CAD auf das Konstruktionsbüro bis heute von der Wissenschaft am besten erforscht wurden (z.B. Bechmann et al.1979, Wingert et al.1984, Buschhaus 1978).

Fig. 4/13

Beispiele durch CAD veränderter oder neugeschaffener Tätigkeiten

ohne CAD	mit CAD
Berechnen mit Hilfe von EDV (im Batchverfahren) und Taschnrechnern	Interaktive Berechnungen am Bildschirm
Herstellung von Prototypen, Testen und Prüfen	Vermehrte Modellberechnungen (inkl. Test und Prüfung) am interaktiven Gerät (Soft-Simulation)
Entwerfen und Erstellen von Grobskizzen	CAD-unterstütztes Entwerfen am Bildschirm
Manuelles Durchspielen von Grobvarianten	Interaktive Variantenkonstruktion am Bilschirm
Pflichtenhefte und Spezifikationen erstellen	Bearbeitung am Bildschirm, Abruf und Weitergabe bereits gespeicherter Daten (Integration von Text: Offerten, Handbücher, Ersatzteilkatalogen usw.)
Ad-hoc-planende und vorbereitende Tätigkeiten	Zunahme und Systematisierung planender sowie arbeitsvorbereitender Tätigkeiten
Erstellen von Detailzeichnungen mittels Zeichenbrett, Lineal, Tuschzeichner usw.	CAD-unterstützte Erstellung von Plänen; Manipulationen an Datenerfassungs- und Eingabegeräten
	Ergänzung maschinell angefertigter Zeichnungen
Erstellen von Variantenplänen und manuelles Zeichnen von Aenderungen	Interaktive Varianten- und Zeichnungsänderungen
Bemessen und Beschriften von Zeichnungen	CAD-unterstütztes Bemessen und Beschriften
Suchen von Normteilen und Nachschlagen in Normpositionenkatalogen	Abrufen von Normen

ohne CAD	mit CAD
Erstellen von Stücklisten und Schreiben von Bestellungen	Automatische bzw. CAD-unterstützte Stücklisten und Bestellungen
Pläne registrieren, ablegen und aufsuchen	Speicherung und Abruf mittels Manipulation an CAD-Station
	Erstellung von Formelementen, Makros und Bibliotheken
	Daten aufbereiten und eingeben.
	Bedienung von Peripheriegeräten wie Plotter usw.
Manuelle Korrektur der Werkstattzeichnungen aus der Konstruktionsabteilung (z.T. neu zeichnen)	Interaktives Anpassen der für die Werkstattzeichnungen definierten Datenmenge (u.U. im Dialog mit der Konstruktionsabteilung)
Anlegen der Stücklistenkartei (Karteikarten) und Ueberprüfung der Stücklisten aus der Konstruktionsabteilung	Dateneingabe am CAD-Terminal und computerunterstütztes Angleichen der Stücklisten an die Anforderungen der Fertigung
Erstellung von Termin- und Netzplänen mittels Taschenrechnern und Uebersichtstabellen	Rechnerunterstütztes Erstellen der Netz- und Terminpläne am Bildschirm (Varianten)
Ueberwachung des Belegungsgrades und Arbeitsablaufes in der Fertigung mittels Laufkarten und Belegen	automatische Rückmeldung des Belegungsgrades der Maschinen in der Fertigung
Ueberwachung des Lagers und der Werkzeuge mittels Listen und Lagerentnahmescheinen	EDV-unterstützte Lagerkontrolle und Wiederbeschaffung (optimale Lagerbewirtschaftung)
Suchen der abgelegten Werkstattpläne in Karteien	Ausplotten der gespeicherten Werkstattpläne

In der Konstruktion sind es vorab Detailkonstrukteure bzw. Maschinenzeichner, deren Arbeiten unterstützt werden. Es findet eine Verschiebung von manueller Zeichenarbeit zur Bildschirmarbeit statt. Insofern wird ein Grossteil des Tätigkeitsspektrums betroffen. Indem der Computer relativ langwierige Arbeiten automatisiert, findet fast zwangsläufig auch eine Schwerpunktverlagerung zu arbeitsvorbereitenden Tätigkeiten statt (vgl. hierzu auch die Ergebnisse von Wingert et al. 1984).
Aber auch Konstrukteure werden, wenn CAD als Entwurfsinstrument eingesetzt wird, in den computerunterstützten Ablauf eingebunden. Hier ist dann ebenso eine Verlagerung der Tätigkeitsschwerpunkte zu beobachten.
Weniger stark betroffen sind die Arbeitsplätze in der Forschung und Entwicklung. Deren Tätigkeiten werden zwar durch CAD ebenfalls verändert. Da hier aber im allgemeinen weniger gut automatisierbare Arbeiten vorzufinden sind, und schon seit langem mit Computerunterstützung gearbeitet wird, ist das Eindringen von CAD weniger bemerkbar. CAD ist _ein_ Hilfsmittel unter vielen, und wird auch so verwendet. Es verbleiben durchaus eine Reihe traditioneller Tätigkeiten wie Literaturstudium, konzeptionelle Arbeiten, Suchen von grundsätzlich neuen Lösungsansätzen, Tests usw.
Einschneidender dürfte die Veränderung in der AVOR sein - auch wenn EDV zumindest in der Fertigungssteuerung z.T. schon längere Zeit eingesetzt wird (vgl. auch Schütte 1982, S.92). In der Fertigungsplanung, wo traditionell EDV nur zur Lösung von Einzelproblemen verwendet wird, dürfte der Sprung zu CAD indes eine quantitativ und qualitativ eindeutige Schwerpunktverlagerung bringen. Beispiele sind: die interaktive Anpassung der Werkstattpläne, computerunterstützte Lagerkontrolle, Terminpläne usw.

(4) Ein vermutlich nicht nur in der Einführungszeit, hier aber besonders stark zu Tage tretender Effekt ist die _Neuschaffung von Tätigkeiten_. Diese hängen direkt mit der neuen Technologie zusammen und werden - soweit nicht EDV-Spezialisten beigezogen werden - von den "CAD-Pionieren" im Betrieb übernommen.
In der Aufbauphase sind in den besuchten Unternehmen Tätigkeiten entstanden, die zunächst wenig mit der Produktion zu tun haben: Erstellung von Formelementen, Makros und Bibliotheken, Ausbildung an CAD-Geräten, CAD-Beratung für die Abteilungen, Wartung usw.
Ob diese neuen Tätigkeiten und die veränderten Tätigkeiten in den konventionellen Bereichen zu neuen Berufen führen, ist eine institutionelle Fragen. Mit den beschriebenen Technologien hat man noch eine zu kurze Erfahrung, um beurteilen zu können, ob bzw. welche neuen

Berufe sich daraus entwickeln und ob bzw. inwiefern
(nur) bisherige Berufsbilder ändern. Beispiele neuer/
veränderter Berufsbilder sind: CAD-Zeichner, CAD-Konstrukteure, CAD-Ingenieure (Systemingenieure) usw.

(5) In den von uns durchgeführten Interviews wurde von
den Betroffenen mehrheitlich angegeben, dass sich die
Tätigkeitsbreite im wesentlichen nicht verändert habe.
In jenen Fällen, in denen trotzdem subjektiv und beobachtbar eine Veränderung stattgefunden hat, ist dies
eine Folge neuer Funktionen, die ehemalige Konstrukteure übernommen haben (vgl. oben), oder einer Tätigkeitsverlagerung.
In den Firmen der Maschinenindustrie ist festzustellen,
dass offenbar in den Anfangsphasen des CAD eher eine Verbreiterung des Tätigkeitsspektrums erfolgt. Konstrukteure scheinen zu Beginn - zumindest in den von uns besuchten Firmen - wiederum Detailarbeiten (wie z.B. Zeichnungserstellung am CAD-Bildschirm)zu übernehmen. Dies
dürfte mit der Auswahl von CAD-Benützern zusammenhängen.
In der Startphase werden in der Tendenz gut qualifizierte
Mitarbeiter eingeschult, währenddessen reine Zeichner
(noch nicht) zum Zuge kommen. Von CAD-Benützern wird denn
auch vereinzelt moniert, dass die neue Tätigkeit mit CAD
eine Verbreiterung des Arbeitsgebietes nach unten, und
mithin im Moment eine Dequalifizierung darstelle. Eine
Aenderung wird dann erwartet, wenn mit CAD im eigentlichen
Sinne konstruiert wird.
Es ist aber durchaus möglich, dass der Einbruch der Konstruktionstätigkeit in den Bereich der Zeichner bestehen
bleibt. Durch die Auflösung der traditionellen Struktur,
z.B. in der Konstruktionsabteilung, kommt die Zeichnertätigkeit und damit der Beruf des Zeichners unter Druck
- ein Ergebnis, das von anderen Studien gestützt wird
(Hoss et al. 1983, S.42). Dass dieser Effekt mittels organisatorischer Massnahmen zumindest teilweise steuerbar
ist, soll weiter unten noch gezeigt werden.
Was das Job-Enlargement angeht, kommen andere Studien
insofern zu einem anderen Schluss, als eine Spezialisierung der Konstrukteuren-Arbeit, in Verbindung mit einem Anstieg arbeitsorganisatorischer Tätigkeiten, diagnostiziert wird (Wingert et al. S.114). Dies muss indes nicht
unbedingt ein Widerspruch zu obigen Ergebnissen sein,
denn

- erstens kann sich eine weitere Spezialisierungstendenz
  in späteren Phasen der CAD-Einführung einstellen

- zweitens ist die Spezialisierung nicht zuletzt eine Folge davon, dass CAD gewisse Tätigkeiten übernimmt und dadurch die Zahl der verschiedenen Tätigkeiten - formal - natürlich abnimmt
- und drittens ist Spezialisierung oder Ausdehnung auch eine methodische Frage: es kommt darauf an, wieweit die einzelnen Tätigkeiten unterteilt werden.

(6) Ob die Verwendung des Arbeitsmittels CAD als <u>Job Enrichment</u> zu betrachten ist, bleibt eine Interpretationsfrage. Gestützt auf unsere Interviews müsste die Konstruktions- und Zeichenarbeit als Bereicherung bezeichnet werden. Hier ist indes die methodische Einschränkung von Kap. 4.3.1 zu wiederholen:
Die Auswahl von CAD-Benützern hat einen technologischen Einschlag. Von daher wird die Auseinandersetzung mit den Möglichkeiten der neuen Technologie als Bereicherung beurteilt. Gegenüber der herkömmlichen Tätigkeit gibt es dann tatsächlich neue Aufgaben wahrzunehmen, z.B. in Bereichen der Programmierung oder der Erstellung von Makros.
Anders ist die Situation bei Personen, die schon grundsätzlich eine eher skeptische Haltung gegenüber neuer angewandter Technik haben. Sie empfinden diese nicht als Bereicherung und versuchen solange als möglich, die Arbeit mit CAD zu vermeiden.
Auf Altersklassen und Ausbildungsgruppen umgelegt, lassen sich die Aussagen wie folgt zusammenfassen (gewichtige Ausnahmen bestätigen auch hier die Regel):

- Jüngere Personen mit einer höheren Ausbildung (z.B. HTL-Abschluss) zeigen eine relativ hohe Akzeptanz, sie verstehen die neue Technologie als Herausforderung, mit der es in Zukunft zu leben gilt; objektiv ist ihr Arbeitsplatz oder ihr Tätigkeitsbereich auch weniger bedroht, weil eine Umstellung auf das neue Arbeitsgerät relativ problemlos erfolgen kann. In der Einführungsphase bringt zudem die CAD-Ausbildung einen gewissen Statusgewinn gegenüber den ausschliesslich konventionell arbeitenden Kollegen.

- Aeltere Arbeitnehmer scheinen dagegen in der Regel mehr Mühe mit CAD zu bekunden. Viele versuchen bis zur Pensionierung noch ohne CAD-Umschulung über die Runden zu kommen - zunächst durch Beibehaltung konventioneller Tätigkeiten im angestammten Betrieb, später allenfalls durch Wechsel zu einem noch nicht mit CAD arbeitenden Unternehmen. Eine ebenfalls - objektiv verständliche - skeptische Einschätzung weisen jene Arbeitnehmer auf, deren Berufsbild bzw. deren Tätigkeit durch CAD nicht nur verändert, sondern in hohem Masse bedroht ist. Dazu gehören die Zeichner, die voraussichtlich nur zu einem Teil als CAD-Zeichner ausgebildet werden (können) (vgl. hierzu auch Kap. 4.3.5.).

4.3.2.2. Produktivitätssteigerung dank Leistungsverdichtung

(1) Mithilfe der neuen Technologien können Produktivitätsgewinne erzielt werden. Folgt man den Herstellerangaben, sind Leistungsgewinne pro Arbeitsplatz bis zu einem Faktor 5 und mehr erzielbar (vgl. auch Kapitel 4.2.). In der Realität nehmen sich die Relationen dann allerdings anders aus, zumal sich eine Differenzierung nach Anwendungsbereich und Integrationsgrad aufdrängt:

- Am kleinsten sind die Produktivitätsfortschritte dort, wo komplexe, einmalige Aufgaben zu lösen sind. Beispiel hierfür sind Neukonstruktionen.

- Bessere Ergebnisse lassen sich in Bereichen erzielen, die auf bereits erarbeitete Elemente zurückgreifen können, z.B. bei Aenderungs- und Variantenkonstruktionen.

(2) Die Produktivitätssteigerung ist an sich nur schwer messbar und kaum exakt zuzuordnen. Experten sind sich nämlich darin einig, dass bedeutende Effekte nicht in der F + E, der Konstruktion oder der AVOR zu erwarten sind, sondern sich mit CAD vorab Einsparungen in der Fertigung erzielen lassen. Zur Erinnerung: In der Konstruktion werden durch die Wahl von Materialien, bereits vorhandener Teile usw. rund 80 % der Kosten des Gesamtproduktes bestimmt, aber nur gerade etwa 20% der Kosten direkt verursacht.
In die gleiche Richtung weist die Aussage, dass das Ausmass des Produktivitätseffektes vom Integrationsgrad abhängt. Je höher der Integrationsgrad, desto höher die Einsparung. Wird CAD nur als Zeichengerät benutzt, ist die Integrationswirkung klein und entsprechend der globale Produktivitätsgewinn nicht allzu gross.

(3) In den besuchten Firmen sind bereits erste Erfahrungen vorhanden. Allerdings sind - zumindest die schweizerischen Unternehmen - erst im Anfangsstadium. CAD wird denn auch nicht in einem integrierten CAD/CAM-System, sondern als Insellösung eingesetzt und vorrangig für zeichnerische Aufgaben gebraucht. Hier liegen die Erfahrungsquoten bei einem Verhältnis von 2 bis 2,5. Höhere Einsparungen können selbstredend Unternehmen verzeichnen, die im

Implementationsprozess weiter fortgeschritten sind, z.B. die Firma Dornier als ein Vertreter des Flugzeugbaus. Hier ist indes der Vergleich mit konventioneller Verarbeitung schwierig, weil diese kaum mehr vorkommt.

(4) Was passiert nun mit dem erzielten Produktivitätsfortschritt? Im Prinzip gilt es zwei Hypothesen zu prüfen:

- Die erste Hypothese besagt, dass der Produktivitätsfortschritt mehr oder weniger direkt auf die Arbeitsplätze, also zur Reduktion des Faktors Arbeit führt.
- Entsprechend der zweiten Hypothese würde der Leistungszuwachs zur Verbesserung und Verbilligung des Produktes eingesetzt, und zwar in der Art, dass entsprechend mehr Varianten konstruiert und gezeichnet würden, aber auch zusätzliche Berechnungen (z.B. Finite-Elemente-Berechnungen) durchgeführt werden.

Die Prozesse in der Realität lassen sich indes kaum auf diese Dichotomie reduzieren. Sicher ist, dass die Rationalisierungsfaktoren nicht direkt in Arbeitsplatzverluste umgerechnet werden dürfen. Eigentlich alle befragten Firmen haben angegeben, dass sie die - allerdings erst beschränkt vorhandenen - Fortschritte in eine Erhöhung der Variantenkonstruktion investiert hätten. Es lässt sich gleichzeitig aber auch nicht leugnen, dass in einem Teil der Firmen die betroffenen Zeichenbüros personell geschrumpft sind. Und folgt man Roth (1982), befänden sich diese hier angeführten Unternehmen ohnehin erst in einer Phase ohne nennenswerte Auswirkungen.

Roth kommt nämlich aufgrund eines Beispiels in der Automobilindustrie, wo CAD/CAM schon erheblich stärker eingesetzt wird, zu einem 4-Phasen-Modell:

- Phase I   : Einführung der Systeme, keine Auswirkungen
- Phase II : Facharbeiter werden betroffen (Lehrenbau, Modellschreinerei)
- Phase III : Geringer absoluter Rückgang, aber hohe fiktive Einsparung, d.h. Nicht-Einstellung von technischen Zeichnern, Stücklisten-Sachbearbeitern, Versuchstechnikern
- Phase IV : Betroffen sind nebest den Zeichnern, Stücklisten-Sachbearbeitern und Versuchstechnikern auch Detailkonstrukteure, Konstrukteure, Versuchsingenieure, Arbeitsvorbereiter

Phase IV ist im Beispiel von Roth nicht erreicht und insofern ist sie eine Vermutung, die er allerdings auf amerikanische Erfahrungen in der Automobilindustrie abstützt. Ob diese Phasen auf andere Betriebe der Maschinenindustrie so direkt übertragen werden dürfen, muss indes ohnehin bezweifelt werden, zumal die schweizerische Maschinenindustrie doch andere Voraussetzungen aufweist. Was allerdings bleibt und sich heute schon in Ansätzen beobachten lässt: Unter Druck gerät der Zeichnerberuf, weil es einen CAD-Zeichner letztlich doch weniger braucht als konventionelle Zeichner. In einem späteren Zeitpunkt kann zudem, was sich heute noch nicht beobachten lässt, der Rationalisierungseffekt auf Arbeitsplätze durchschlagen, die nicht direkt zum Anwenderkreis von CAD gehören. Hierzu gehören etwa das Bestellwesen, Personen, die Offerten ausarbeiten usw.

(5) Eine weitere Folge des Rationalisierungseffektes ist die Leistungsverdichtung. Der Output pro Arbeitsplatz erhöht sich, d.h. es müssen in der gleichen Zeit erheblich mehr Entscheidungen getroffen werden. Und in engem Zusammenhang damit: die intellektuellen Anforderungen steigen (z.T. auf Kosten der manuellen Anforderungen, vgl. Kap. 4.3.5.). Die Leistungsverdichtung als solche wird von allen Gesprächspartnern festgestellt.

(6) Inwiefern sie als Belastung empfunden wird, ist indes sehr unterschiedlich. Ueber die Hälfte der Befragten stellt eine erhöhte Belastung in der Anfangsphase fest. Und ein Grossteil davon hat sich nach einiger Zeit soweit daran gewöhnt, dass keine besondere Belastung mehr empfunden wird. Dass das spezifische Arbeitsmittel "Bildschirm" aber auch nach längerer Zeit nicht ganz ohne Folgen bleibt, zeigt das Beispiel eines Konstrukteurs mit langjähriger Erfahrung: Der abendliche Fernsehkonsum scheint gegenüber früher (mit konventioneller Arbeit) drastisch abgenommen zu haben, die Freizeit wird heute lieber mit bildschirmfernen Aktivitäten verbracht.

Was im einzelnen die Belastung ausmacht, kann ungefähr wie folgt zusammengefasst werden:

- die Arbeit mit CAD erfordert (oder bewirkt) erheblich mehr Konzentration

- zwangsläufige oder spontane Erholungsphasen treten weniger auf (vgl. auch Kap. 4.3.3.)

- das Wissen um die Kostspieligkeit der Anlagen erzeugt einen gewissen Leistungsdruck
- z.T. besteht eine gewisse Angst vor Fehlmanipulationen (und der daraus befürchteten Beschädigung des Apparates)
- und ganz wesentlich: beträgt die Bildschirmarbeitszeit mehr als 4 Stunden täglich, wird die Leistungsverdichtung zur eigentlichen Belastung.

4.3.2.3. Mutation von Routinetätigkeiten

(1) Gemeinhin wird angenommen, dass neue Computertechnologien vorab <u>Routinetätigkeiten übernehmen.</u> Dafür spricht auch die obige Feststellung, wonach eher einfache Tätigkeitsfelder automatisierbar sind. Wird aber der CAD-Einsatz auch tatsächlich als Entlastung von der Routine empfunden?
Als Routine werden, so unsere Gesprächs-Konvention, sich wiederholende Tätigkeiten eines tiefen Schwierigkeitsgrades verstanden. Das Gegenteil sind Arbeiten mit einem hohen Schwierigkeitsgrad, die eine intellektuelle Forderung darstellen.
Das Vorhandensein von Tätigkeiten mit Routinecharakter ist eine empirisch mehr oder weniger gut erfassbare Tatsache. Ob aber diese Tätigkeit auch als monoton eingeschätzt wird, ist eine Frage des subjektiven Empfindens. Es wurde versucht, beides in den Interviews zu eruieren.

(2) Was die <u>besser qualifizierten Arbeitskräfte</u> und deren Tätigkeiten (Entwurf, Entwicklung usw.) anbelangt, sind keine eindeutigen Wirkungen auszumachen.

Auf der einen Seite nehmen die komplizierten, schwierigen Aufgaben zu. Anspruchsvoller wird die Arbeit dort, wo eine intensive Auseinandersetzung mit der neuen Computertechnologie nötig ist, z.B. mit Programmabläufen.

Auf der anderen Seite konnte in den besuchten Betrieben gleichzeitig eine Zunahme von Routinetätigkeiten beobachtet werden. Die Konstrukteure, um ein Beispiel zu nennen, übernehmen durch das Eindringen in den Tätigkeitsbereich der Detailkonstruktuere und Zeichner einen Teil der Routinearbeiten. Sie befassen sich wieder mehr mit Details -

zu ähnlichen Thesen gelangen auch Wanske/Wobbe (1983)
und Wingert et al. (1984). In der Einführungsphase,
in der die Technologie noch als Herausforderung begriffen
wird, wirkt indes die Uebernahme von Routinetätigkeiten
offenbar (noch) nicht monoton, diesen Schluss legen jedenfalls die Gespräche in den Betrieben nahe.

(3) Bei den weniger hoch qualifizierten Arbeiten spielt
sich ein Ersatz von bisherigen Routinetätigkeiten durch
neue Routinetätigkeiten ab. Unterstützt (oder sogar ganz
übernommen) werden ja die langwierigen und mühsamen Tätigkeiten, wie Stücklisten erstellen, Vermassen, in Nor-
menkatalogen nachschlagen, Radieren usw.
Umgekehrt entstehen neue Routinetätigkeiten. So wiederholen sich z.B. die gleichen Eingabemanipulationen
beim Zeichnen von Werkstücken mit immer wiederkehrenden
gleichen Elementen (z.B. bei einer Kurbelwelle). Teilweise
ist der Grad der Routinisierung auch von der eingesetzten
Technologie abhängig. Weniger weit entwickelte Systeme
haben zur Folge, dass beispielsweise verdeckte Kanten in
Perspektivdarstellungen mit einer speziellen Manipulation ausgeblendet werden müssen. Und dies ist eine reine
Routinetätigkeit - vergleichbar etwa mit dem Radieren.
Was sich ebenfalls auswirkt: Mit der Zunahme der Variantenkonstruktion wiederholen sich fast zwangsläufig Arbeiten, die bei einmaligen konventionellen Konstruktionen
singulären Charakter hatten (weil nur eine Variante konstruiert wurde). Allerdings dürften solche Arbeiten mit
der Zeit - als Folge der Verbesserungen von Hard- und Software - ganz verschwinden. Was aber sicher bleibt, sind
Arbeiten in der "Peripherie" von EDV-Anlagen. Hier entstehen Tätigkeiten wie Daten erfassen, Lochen und Prüfen,
Plotterbedienung usw., allesamt mit reinem Routinecharakter.
Inwieweit führt die Mutation von Routinearbeiten zu Monotonie? Bei den umgeschulten CAD-Zeichnern macht sich der
ähnliche Effekt wie bei den Konstrukteuren bemerkbar: da
CAD in einigen Betrieben der Maschinenindustrie noch nicht
sehr lange eingesetzt wird, werden neue Routinearbeiten
dort nicht als monoton empfunden. Anders sieht es nach
einigen Jahren aus: die Monotonie nimmt zu, wird aber ähnlich wie bei der konventionellen Arbeit am Zeichenbrett
empfunden.

4.3.2.4. Anstieg des Abstraktheitsgrades

(1) Der vermehrte Computereinsatz in den betrachteten Abteilungen unterstützt einen Trend zur <u>Entmaterialisierung</u>. Das Arbeitsmittel CAD bringt in dieser Hinsicht wesentliche Veränderungen:

- Arbeitsmittel sind nicht mehr Zeichenbrett, Bleistift, Lineal usw. sondern interaktive CAD-Stationen.
- Der Arbeitsprozess ist für den einzelnen nicht mehr integral kontrollierbar; mit CAD entsteht eine Art black box, beeinflussbar und direkt durchschaubar ist nur die Eingabe sowie das jeweilige Ergebnis der Manipulation am Bildschirm.
- Arbeitsgegenstand sind nicht mehr Konstruktionspläne aus Papier, sondern Datenmengen auf Computerspeicherplätzen (oder sonstige Datenträger wie Bänder, Magnetspeicherplatten usw.); oder anders ausgedrückt: das Umgehen mit ikonischen Modellen weicht einer Manipulation von symbolischen Modellen (Wingert 1980, S.156).

(2) Es ist von daher nicht erstaunlich, dass von fast allen befragten Benutzern ein Anstieg des <u>Abstraktheitsgrades</u> angegeben wird. Als Problem wird dies von den heutigen Benutzern nicht erachtet, unabhängig von bisherigem Status, Ausbildung und Tätigkeit.
Allerdings: gerade der Umgang mit der black box CAD-Station und der damit verbundenen Abkopplung bzw. der Verminderung von Beeinflussbarkeit und Durchschaubarkeit haben zu "Verweigerungen" geführt. Diese Faktoren, unterstützt durch die veränderten Arbeitsbedingungen und Qualifikationsanforderungen haben zur Folge, dass einige CAD-Ausgebildete wieder "abgesprungen" sind. Sie verrichten heute erneut konventionelle Arbeiten, bei denen die Ansprüche an das Abstraktionsvermögen kleiner und die Tätigkeiten konkreter sind.

(3) Ein gewisser <u>Bezug</u> zum Arbeitsgegenstand scheint aber trotz der zunehmend abstrakten Arbeit vorhanden zu bleiben. Konstruktionspläne tragen in der konventionellen Erstellung immer Persönlichkeitsmerkmale eines Bearbeiters - des Konstrukteurs ohnehin, aber auch des Zeichners bzw. Detail-

konstrukteurs. Diese Merkmale scheinen - so die Antworten der Befragten - in der Regel erhalten zu bleiben. Dennoch: rein technisch ist eine gewisse Einschränkung der zeichnerischen Ausdrucksfähigkeit festzustellen, weil gegenüber der konventionellen Arbeit noch erheblich mehr normiert ist. Diese Begrenzungen werden aber möglicherweise erst im Laufe der Zeit verspürt.

Die Distanz zum Endprodukt hat im Empfinden der Benutzer durch CAD auch nicht zugenommen. Die Distanz sei zwischen der eigentlichen Fertigung und der Konstruktion ohnehin zu gross, monieren z.b. die aussenstehenden Experten, was von den Benutzern in dieser Form allerdings nicht bestätigt wird. Wie sich diese Distanz weiter entwickeln wird, ist indes nicht nur exogen vorgegeben, sondern nicht zuletzt eine Frage der angestrebten Organisationsstruktur (vgl. Kap.4.3.4.). Und diese weist wiederum einen doch recht erheblichen Handlungsspielraum auf.

(4) Das veränderte Beziehungsmuster Mensch-Maschine kann aber auch positive Effekte haben. Einzelne Benutzer haben ausgesagt, dass sie mit dem System zu grösserer Arbeitssicherheit gelangen würden, weil gewisse Fehler vom Computer entdeckt und angegeben würden. Viele Fehler, die bei konventionellen Methoden vom Chef aufgespürt und gerügt worden seien, könnten mit dem Computer von vornherein verhindert werden.

4.3.3. Veränderung der Arbeitsbedingungen

4.3.3.1. Selektive Stresszunahme

(1) Weniger als die Hälfte der befragten CAD-Benutzer beklagt, dass der Stress an der CAD-Station gegenüber dem Zeichenbrett zugenommen hat. Und auch in dieser Gruppe wird nicht von einer generellen Stresszunahme gesprochen. Vielmehr sind es ganz bestimmte Faktoren, die Stress, also eine Ueberforderungen, hervorrufen.

Dabei ergibt sich ein Zusammenhang mit der oben erwähnten Leistungsverdichtung und der z.T. daraus resultierenden Belastungszunahme. Stress resultiert indes nicht allein aus der Leistungsverdichtung an sich, sondern aus der Art wie die Leistung am Bildschirm erbracht wird. Einige wichtige Einflussfaktoren möchten wir im einzelnen diskutieren.

(2) In der Literatur über Auswirkungen von CAD spricht man von der "Sogwirkung des Bildschirms" (z.B. Hoss et al. 1983, Finne 1983). Damit ist gemeint, dass die Ueberlegungszeit durch das interaktive System verringert wird, weil ein Teil bisheriger Routinetätigkeiten wegfällt und (s.o.) die Konzentrationsleistung zwangsläufig zunimmt. Das System erwartet gewissermassen, dass der Benutzer mit ihm weiterarbeitet. Voraussetzung dafür ist aber, dass zwischen Mensch und Maschine eine ganz bestimmte (einseitige) Abhängigkeit besteht.
Cooley beschreibt diese Abhängigkeit wie folgt (Cooley 1982,S.46): In der Interaktion Mensch-Maschine ist der Mensch der dialektische Gegenpol zur Maschine. Die Maschine ist schnell, konsistent und zuverlässig, dafür aber völlig unkreativ. Der Mensch dagegen ist langsam, inkonsistent, unzuverlässig, und dafür hochkreativ. Die These Cooleys läuft nun darauf hinaus, dass im Arbeitsprozess keine "perfekte" Symbiose zwischen Mensch und Maschine entsteht, sondern sich der Benutzer der Maschine anpasst. Und dies würde natürlich zu einer permanenten Ueberforderung führen.
Diese These ist weit verbreitet. Es gibt Autoren, die sprechen sogar davon, das System _unterstütze_ nicht die Arbeit, sondern es _führe_ sie (Manske/Wobbe 1983, S.119). Nimmt man als Indikator dafür die Zunahme der Entscheidungsgeschwindigkeit, dann muss man der obigen These zweifellos zustimmen. Die Benutzerinterviews legen aber den Schluss nahe, dass die Interaktion Mensch-Maschine durchaus auch vom Menschen geprägt ist. Hier ergeben sich zwischen den einzelnen Benutzern grosse Unterschiede. Die Antworten reichen von

- "das System soll gefälligst warten, wenn ich keine Lust oder Zeit habe" bis

- "die Forderungen des Systems setzen einen unter permanenten Arbeitsdruck."

Eigentliche Kategorien von Benützern lassen sich - zumindest bei der von uns untersuchten Anzahl - nicht ausmachen. Hier scheinen ganz spezifische individuelle Voraussetzungen ausschlaggebend zu sein, wie z.B. Erfahrungshintergrund, psychische und physische Konstitution, Lebens- und speziell Arbeitsauffassung.

(3) Die z.T. vorhandene Sogwirkung verändert auch die Kurve des normalen <u>Leistungsabfalls</u>. D.h. partiell auftretende Ermüdungserscheinungen werden unterdrückt, das System verlangt (und bekommt zum Teil) die permanente Leistungsreserve des Benutzers. Unterstützt wird dieser Effekt dadurch, dass die Arbeit am System gegenüber der traditionellen Tätigkeit komplexer ist. Unterbrüche wirken sich gravierender aus, weil sich der Benutzer bei Wiederaufnahme der Arbeit erst erneut in die Materie hineindenken muss.
Der Effekt des "ausgesaugt werdens" konnte durchaus selbst bei erfahrenen CAD-Benutzern beobachtet werden. Dazu gehört ausserdem die mehrfach gehörte Feststellung, Schwierigkeiten mit dem Abschalten zu haben - die psychische Distanz zu den Anforderungen der Tätigkeit wird kleiner. Im Sinne einer Einschränkung dieser Aussage gilt es allerdings zu berücksichtigen, dass die heutigen Benutzer vielfach freiwillig am System arbeiten, deshalb hoch motiviert und bereit sind, eine überdurchschnittliche Leistung zu erbringen. Und was strategisch einmal mehr von höchster Bedeutung ist: Die Ermüdungserscheinungen sind eine Funktion der Zeit, die effektiv am Bildschirm verbracht wird.
Zum Kapitel Ermüdung gehören z.T. auch all die Probleme, die im Zusammenhang mit der Engonomie am Bildschirm untersucht wurden (vgl. die Literaturangaben). Ganz gelöst sind die einschlägigen Probleme offenbar noch nicht, monierten doch einige Benutzer Augenbrennen, Kopfschmerzen usw. Wie die Diskussion mit System-Herstellern aber zeigt, sind diese Probleme teilweise erkannt worden und werden (unter Berücksichtigung der verschiedensten wirtschaftlichen Rahmenbedingungen) einer Lösung oder doch Verringerung zugeführt.

(4) Stress-Symptome können auch deshalb hervorgerufen werden, weil das System zu wenig schnell reagiert. Vom Benutzer wird im Prinzip eine <u>ständige Präsenz</u> verlangt. Muss er zwischendurch warten, so ist dies nicht unbedingt eine Erholungspause, sondern eine Erhöhung des Spannungszustandes. Die "Pause" wird nicht selbst sondern "fremd- oder maschinenbestimmt".
Lange Antwortzeiten scheinen in der Tat zu den stressauslösenden Faktoren zu gehören. Von uns interviewte Benutzer klagten über lange Antwortzeiten insbesondere dann, wenn ein hoher Arbeitsdruck auf ihnen lastete. Wenn bei konventioneller Arbeit ein hoher Termindruck besteht, kann durch schnellere Manipulation die Durchlaufzeit in einem gewissen Rahmen verkürzt werden. Bei maschinenabhängigen Arbeiten ist dagegen die "Arbeitszeit" des Computers nicht beeinflussbar. Von daher sind hochinteraktive Systeme, mit Antwortzeiten unter einer Sekunde, eine eindeutige Entlastung für den CAD-Benutzer.

(5) Wenn das <u>System noch unbekannt</u> ist, treten Stresssymptome häufiger auf. Und dann besonders, wenn ein zweiter Faktor, der Arbeitsdruck, dazu kommt. Es ist offensichtlich, dass diese Art des Stresses mit der Ausbildung an CAD zusammenhängt, denn je gewohnter die Arbeit ist, desto weniger wird der Arbeitsdruck als Stress empfunden. Insofern kommt der Einführung und der Qualifikation eine Schlüsselstellung zu (vgl. hierzu Kap. 4.3.5.).

4.3.3.2. Leichte Einengung des arbeitszeitlichen Gestaltungsspielraumes

(1) Eine mögliche Einengung des arbeitszeitlichen Gestaltungsspielraumes kann vorab aus den relativ <u>hohen Kosten</u> von CAD-Systemen entstehen. Selbst bei den heute gängigen Insellösungen kostet ein CAD-Arbeitsplatz ungefähr soviel wie ein zusätzlicher Mitarbeiter. Aus dieser Sicht entsteht der wirtschaftliche Druck, die Systeme möglichst optimal auszulasten (vgl. auch Bechmann et al. 1979).

(2) Die heutige Situation in der schweizerischen Maschinenindustrie ist dadurch geprägt, dass CAD-Systeme noch nicht lange und v.a. in <u>nicht allzu grosser Zahl</u> eingesetzt werden. Oder mit anderen Worten: man befinddet sich im Versuchsstadium. Insofern können heutige Tatbestände für die Zukunft keine repräsentativen Aussagen liefern.
In allen besuchten schweizerischen Firmen wird die Arbeitszeit am System bestimmt durch die Verfügbarkeit der Stationen. Spontanes Arbeiten am System ist in den seltensten Fällen möglich. Dies führt fast zwangsläufig dazu, dass Randzeiten (morgens und abends) ausgenützt werden.

(3) In keinem der besuchten Betriebe (weder in der BRD noch in der Schweiz) ist bis heute eigentliche <u>Schichtarbeit</u> eingeführt worden. Diesbezüglich sind die Aussagen von CAD-Verantwortlichen zweier schweizerischer Maschinenindustrien interessant:

- In der einen Firma wird eigentliche Schichtarbeit a priori ausgeschlossen, weil das Aufrechterhalten des infrastrukturellen Umfeldes wie Service, Wartung und Informatik - also die stand-by-Kosten - zu hoch sind.
- In einem anderen Betrieb wird die Einführung von Schichtarbeit (in welcher Form auch immer) diskutiert, ein Entscheid steht aber noch aus.

Dazu kommt: nicht jede Tätigkeit lässt sich gleich gut als Schichtarbeit ausführen. Vom Tätigkeitsprofil her scheinen Zeichner- oder Programmierarbeiten eher besser geeignet zu sein als etwa der Konstruktionsentwurf. Letzterer ist je nachdem auf Informationskontakte mit anderen Abteilungen (F + E, AVOR) angewiesen.

(4) Was den arbeitszeitlichen Gestaltungsspielraum anbelangt, dürften sich für die Zukunft eher bessere Prognosen stellen lassen. Die Hardwarekosten nehmen ab, d.h. der Engpass Wirtschaftlichkeit wirkt sich in der Kaufentscheidung weniger aus. Ziel ist es denn auch in den meisten Firmen, die CAD-Dichte pro Arbeitsplatz zu erhöhen. Geht man von einer beschränkten oder zu beschränkenden Bildschirm-Arbeitszeit aus, könnte dadurch die Entscheidung zwischen Arbeit am System und konventionellen oder vorbereitenden Tätigkeiten freier gestaltet werden (vgl. Kap. 4.4.2.).

4.3.3.3. Wenig Angst vor Kontrolle

(1) Formal sind mit der verstärkten Computerisierung in den bisher davor verschonten Bereichen für die Arbeitskontrolle bessere Bedingungen gegeben. Im Gesamten nimmt die Kontrollierbarkeit zu, weil mittels Statistikmodulen über die zentrale Rechnereinheit Arbeitszeit, Pausen, Anzahl Manipulationen usw. erfasst werden können. In der Realität scheint sich eine verstärkte Kontrolle - zumindest in der Schweiz - eigentlich bis heute nicht durchgesetzt zu haben. Dafür sind verschiedene Gründe verantwortlich.

(2) Zunächst ist es schwierig, zu entscheiden, was eigentlich Ziel der Kontrolle sein könnte:

- Eine <u>Leistungskontrolle</u> ist insbesondere bei Konstrukteuren nicht einfach, weil die Quantität, nicht aber die Qualität einer direkten Kontrolle zugänglich ist. Die Konstruktionstätigkeit hat vorab im Entwurfsstadium einen hohen kreativen Anteil. Ein wenig anders sieht es bei den reinen Zeichnertätigkeiten aus, die in Teilschritte zerlegt und dann von der Zeitbeanspruchung her kontrollierbar sind.

- Die <u>Präsenzkontrolle</u> ist genauso einfach handhabbar wie die Kontrolle der durchgeführten Manipulationen. Sie ergeben aber nur sehr grobe Indikatoren, zumal nur die effektive Zeit an der CAD-Station erfasst wird. Ein Grossteil der Zeit wird aber mit Vorbereitungs- und Komplementärarbeiten verbraucht.

(3) Bei einer genaueren Analyse sind denn auch die <u>Unterschiede</u> zur konventionellen Tätigkeit recht gering. Eine Präsenzkontrolle war schon immer sehr einfach möglich. Und Terminvorgaben, mit der entsprechenden Kontrolle über deren Einhaltung, gehören genauso zur traditionellen Arbeitsweise wie die Kontrolle dessen, was in einer bestimmten Zeiteinheit "geleistet" worden ist.
Das einzige, das neu dazu kommt, ist die Einfachheit und die automatische statistische Auswertung dieser Vorgänge.

(4) In den von uns <u>befragten Firmen</u> wird eine solche Kontrolle nicht durchgeführt - eine Art Erfolgskontrolle besteht natürlich trotzdem. Auch wurden die Benutzer mit der Frage konfrontiert, ob sie Angst vor solchen Kontrollen hätten. Die übereinstimmende Antwort war "nein", und zwar mit den obigen Begründungen: Erstens sei es schwierig und zweitens verändere sich gegenüber dem herkömmlichen Zustand eigentlich wenig. Allerdings waren sich die wenigsten bewusst, dass Präsenz-, Manipulations- und Erfolgskontrollen maschinell doch einiges einfacher durchführbar sind als konventionell durch den Vorgesetzten.

4.3.3.4. Verschlechterung der Kommunikationsstrukturen

(1) Das arbeitsbedingte und das private **Kommunizieren** wird als ein wichtiger Aspekt der Arbeitszufriedenheit betrachtet. Selbst bei den Konstrukteuren, die einen vergleichsweise einsamen Beruf haben, stellt das Gespräch mit Kollegen und Mitarbeitern aus andern Abteilungen ein wichtiges Element dar (Vögeli 1966).

(2) Neue Computertechnologien in Form von CAD wirken sich diesbezüglich recht gravierend aus. Eine Gruppensituation - bei den Zeichnern und Konstrukteuren wohl am ausgeprägtesten zu beobachten - wird in eine **Individualsituation** überführt. Zwar wird eigentlich nur das Zeichenbrett durch eine CAD-Station ersetzt. Diese hat aber - siehe oben - eine Art Sogwirkung. Der mit dem Bildschirm Arbeitende isoliert sich gegenüber der Aussenwelt. Soweit die generellen Effekte, wie sie meist auch in der einschlägigen Literatur zu finden sind (Hoss 1983, Roth 1983).

Im einzelnen kommt es indes auf die Details der Ausgestaltung an. In einigen besuchten Firmen sind - in der Aufbauphase - die CAD-Arbeitsplätze von den jeweiligen Abteilungen getrennt. Hier besteht tatsächlich die Gefahr, dass die an ihrem angestammten Sozial- und Zusammenarbeitsgefüge herausgerissenen Mitarbeiter während der Zeit am Bildschirm abgeschlossen sind. Wie Beobachtungen zeigten, finden hier aber durchaus Gespräche statt, wenn auch in verminderter Zahl. Und mit einer Erhöhung der CAD-Stationen-Dichte dürfte sich ohnehin - nach einer Uebergangsphase - die Stationierung in den herkömmlichen Lokalitäten aufdrängen. Weil aber ein verdunkelter Raum je nach System vorzuziehen ist, dürften die CAD-Arbeitsplätze innerhalb dieser Büros auch in Zukunft von den übrigen Arbeitsplätzen abgeschirmt sein.

(3) Die Benutzerinterviews bringen die Reduzierung der Sozialkontakte **deutlich zum Ausdruck**. Alle, die auf diesen Punkt angesprochen wurden, stellten eine Verminderung der Kommunikationsdichte fest. Und dies wird eindeutig auf die veränderte Arbeitsmethode am Bildschirm zurückgeführt. Am traditionellen Arbeitsplatz hat sich währenddessen bei den Vorbereitungsarbeiten aber nichts geändert.

Von der Abnahme betroffen sind vorab private Gespräche,
die dem zwanglosen Ausgleich dienen. Bei den arbeitsbezogenen Gesprächen hat sich nebst der z.T. ebenfalls beobachtbaren Reduktion auch eine Verlagerung ergeben. Die
Gesprächsthemen haben vermehrt einen technologischen
Einschlag. Und in einem Fall sind neue Gesprächspartner
ausserhalb des Betriebes dazu gekommen - mit einer anderen Tochterfirma des gleichen Konzerns, die ebenfalls CAD
einsetzt.

4.3.4.   Betriebsorganisation

4.3.4.1. Organisation als Handlungsspielraum

(1) Organisation und Technologie sind äusserst eng miteinander verbunden. Als "Organisationstechnologie" (Brandt
et al. 1979) bekommt die EDV insofern eine neue Dimension
als mit ihr Organisationskonzepte durchgesetzt und eine
arbeitsorganisatorische Koordination übernommen werden
kann. Letztlich ist das Verhältnis von Technik und Organisation indes ein zweiseitiges:

- Technologie setzt in der Tat gewisse Rahmenbedingungen
  für die organisationale Struktur

- umgekehrt kann aber das Instrument Organisation gerade
  auch als Teuerungsmittel für den Technologieeinsatz
  verwendet werden.

Insbesondere die Technologieanwendungen, die auf der Mikroelektronik beruhen, weisen eine hohe Flexibilität auf. Diese Flexibilität gilt es zu nutzen. In diesem Sinne wird
auch von den verschiedensten Gesprächspartnern die Forderung aufgestellt, die Technik habe sich dem Betrieb anzupassen und nicht umgekehrt. Dennoch verbleibt natürlich:
Je weiter die technologische Integration vorangetrieben
wird, desto grösser sind die betriebsstrukturellen Umstellungen - dies ist übrigens nicht zuletzt ein Grund für das
bis heute relativ "gemächliche" Einführungstempo (vgl. auch
Hoss 1983, S. 29). Die Implementationskosten können gerade
durch die notwendigen Anpassungen sehr hoch werden. Mit der

gegenseitigen Abstimmung von eingesetzter Technologie einerseits und Betrieb andererseits können indes einige organisatorische Gestaltungsspielräume entstehen. Insofern sind die folgenden Ausführungn nicht nur als Auswirkungsbeschrieb gedacht. Vielmehr sollen sie auch - wo vorhanden - gewisse Varianten von organisationalen Strukturen beleuchten.

(2) Aus betriebsorganisatorischer Sicht sind CAD/CAM-Systeme eine <u>Klammer</u> über bisher getrennte Tätigkeitsbereiche. CAD/CAM vernetzt die bereits vorhandenen Computeranwendungen und füllt bisherige Lücken mit neuen Computerlösungen auf (vgl. Fig.4/14). Diese Entwicklung wird nun von einigen Experten (z.B. von CAD-Verantwortlichen in Betrieben) derart interpretiert, dass dadurch die durch die Mechanisierung eingeleitete Zerlegung der Arbeit, wenn nicht rückgängig gemacht, so doch tendenziell wieder abgeschwächt wird. Dies würde im Gegensatz zur landläufigen These stehen, dass integrale Computersysteme eine weitere "Taylorisierung" der Arbeit zur Folge hätten. Auch wenn beide Thesen in dieser undifferenzierten Form ohnehin nicht unbedingt Gültigkeit haben (vgl. unten sowie Kap. 4.3.2.), ist dies nur ein scheinbarer Widerspruch:

- der formal-technische Durchlauf kann gekennzeichnet sein durch ein näheres Zusammenrücken der einzelnen Kettenglieder, dies weil

- die Aufgaben und Tätigkeiten in dieser Kette eingeschränkter und spezifischer werden.

(3) Die <u>Auswirkungen</u> von CAD/CAM-konformen Organisationsstrukturen sind unterschiedlich, je nach Integrationsgrad. Dabei gilt es im Prinzip drei Stufen zu unterscheiden (Hoss 1983):

- die Initialisierungsphase

- die Ausbauphase

- die Integration.

Initialisierungs- und Aufbauphase sind meist als Insellösungen implementiert - dies lässt sich in den von uns befragten Firmen feststellen, geht aber auch aus deutschen Untersuchungen hervor (Wingert et al. 1984). Es werden deshalb für den Auswirkungsbereich Insellösungen einerseits und integrierte Systeme andererseits unterschieden.

Fig. 4/14

Uebergreifender Technologieeinsatz
(dargestellt an realtypischen Lösungen)

	Konventioneller Rechnereinsatz	Weitergehende Insellösungen	Integrierter Rechnereinsatz
Forschung ⇩ Entwicklung ⇩ Prototypenherstellung ⇩	EDV	EDV CAD	
Verkaufsdokumentation ⇩ Auftragsbeschreibung ⇙			
Konstruktion (Entwurf, techn. Berechnung) ⇩ Detailkonstruktion ⇩ Stücklisten ⇩	EDV Tischrechner	CAD	CAD / CAM bzw. CIM
Material- und Lagerwirtschaft ⇙ Fertigungsplanung ⇩ Fertigungssteuerung ⇩	EDV EDV	CAP (Computer Aided Planning)	
Fertigung/ Montage ⇩	CNC-Maschinen	CAM (Computer Aided Manufacturing)	
Kontrolle		CAQ (Comp.Aided Quality Assurance)	

4.3.4.2. Insellösungen bringen wenig Veränderungen

(1) Intelligente CAD-Stationen sind geradezu für eine dezentralisierte Anwendung prädestiniert. Damit sind gute Voraussetzungen gegeben, CAD/CAM zunächst als Insellösung zu realisieren und später die Integration vorzunehmen. Ergänzend sind meist noch sog. "dumme Terminals" installiert, die an die zentrale EDV angeschlossen sind - dies v.a. zur Lösung komplexerer Aufgaben.
Der dezentrale Charakter unterscheidet denn auch CAD erheblich von der herkömmlichen EDV. Plakativ lässt sich der Unterschied wie folgt verdeutlichen:

- Die EDV-Grossanlagen hatten neue Typen von Jobs in neuen Abteilungen zur Folge (Stewart 1971, S.225)
- CAD bewirkt nur z.T. neue Jobs, jedoch die Veränderung von Tätigkeiten und dies zunächst in den bisherigen Abteilungen.

(2) Zwar werden auch im Zusammenhang, mit der Einführung von CAD neue organisatorische Einheiten gebildet. So konnten in den meisten Firmen sog. CAD-Teams ausgemacht werden. Deren Funktion ist, den Aufbau der CAD-Systeme voranzutreiben, die CAD-anwendenden Abteilungen zu beraten und zu schulen.
Was die räumliche Anordnung der CAD-Arbeitsplätze betrifft, lassen sich dabei unterschiedliche Lösungen finden. In einigen Firmen sind sie als Pool mehr oder weniger konzentriert (innerhalb eines Konzernbereiches). In anderen Unternehmen sind sie in den bisherigen Büroräumlichkeiten installiert.

(3) Grundsätzlich sind zwei unterschiedliche Konzepte von Betriebsformen anzutreffen, und zwar als

- Schalterbetrieb (closed shop) und
- Direktbetrieb (open shop).

Beim Schalterbetrieb-Verfahren (vgl. zu den Begriffen: Hoss 1983) werden die CAD-Aufgaben von den übrigen Tätigkeiten abgetrennt. Handskizzen und Entwürfe kommen zur spezialisierten CAD-Zelle, werden dort verarbeitet und gehen anschliessend an den Auftraggeber zurück.

Anders beim Direktbetrieb: Die Mitarbeiter der F + E oder des Konstruktionsbüros haben alle, soweit sie CAD-geschult sind, Zugang zu den CAD-Stationen, um ihre Entwürfe maschinell zu bearbeiten.
In unserer Untersuchung sind wir vorab der zweiten Betriebsart, dem Direktbetrieb, begegnet. Der Direktbetrieb hat den Vorteil, dass sog. Mischarbeitsplätze entstehen: Der einzelne Benutzer macht sowohl die "bisherige" Tätigkeit (z.B. den Konstruktionsentwurf) und erweitert seinen Tätigkeitsbereich auf die CAD-Bedienung.
Dass dies von den Konstrukteuren allerdings nur z.T. estimiert und vielfach als Dequalifizierung empfunden wird, wurde bereits unter Kap. 4.3.2. ausgeführt. Ausserdem verstärkt sich dadurch der Druck auf die Zeichnerarbeitsplätze. Umgekehrt entstehen beim Schalterbetrieb Arbeitsplätze mit eingeengten Tätigkeitsfeldern: die CAD-Bedienung wird personell von den Entwurfs- und Vorbereitungsarbeiten abgekoppelt.

(4) Wenn auch nicht stark, so verändert sich doch auch bei Insellösungen der (Tätigkeits)Ablauf. Realtypisch kann er beim CAD-Einsatz (unter Voraussetzung der open-shop-Verfahren) wie folgt aussehen (ähnlich auch Wingert et al. 1984, S.141ff.).

- Der Zeichner erhält die Aufgabe (in den besuchten Betrieben meist vom gleichen Vorgesetzten wie bei der traditionellen Struktur, in Ausnahmefällen wird ein "Rationalisierungsteam" dazwischen geschaltet)
- Studium der Aufgabe und allenfalls Besprechung mit einem CAD-Experten zur Klärung "technischer" Fragen
- Bearbeitung der Einzelteile (teilweise werden hier verschiedene Jobs gesammelt, um sie alle miteinander bearbeiten zu können, wenn die CAD-Station zur Verfügung steht)
- Eingabe an der CAD-Station und interaktive Bearbeitung
- allenfalls Rücksprache mit CAD-Experten bei technischen oder Anwendungsproblemen
- Bedienung des Plotters, allenfalls Korrekturen und Abgabe des Konstruktionsplanes.

Was sich aus diesem Ablauf herauslesen lässt: er ist gegenüber der konventionellen Zeichenarbeit komplizierter geworden, weil die CAD-Bedienung (zumindest in der Anfangsphase) mehr Probleme bewirkt als das Zeichnen am Brett. Der herkömmliche Arbeitsplatz wird ausserdem marginal, er wird nur noch für Vorbereitungs-, Korrekturarbeiten usw. gebraucht.

(5) Die Schnittstellen ändern sich bei der Insellösung eigentlich wenig.
Je nach Organisationsform sind zwar die personellen Schnittstellen neu definiert (z.b. Aufgabenzuweisung nicht vom Gruppenchef sondern vom Rationalisierungsteam). Damit ergeben sich Aenderungen im Ablauf der organisatorisch bedingten Kommunikation. Gesprächspartner werden anstelle der Kollegen vermehrt Experten der neuen Technologie.

Im übrigen ist indes die Ablauforganisation wenig tangiert. An den Uebergängen zwischen F + E, Konstruktion und AVOR sind weiterhin Pläne, Tabellen usw., also immer noch "Papier-Interfaces" zu finden. Insofern verändern sich auch die notwendigen Kommunikationsströme wenig. Mit einer beobachteten Ausnahme vielleicht: Rückfragen aus der AVOR gehen bei Konstruktionsunterlagen, die mittels CAD erstellt wurden, z.T. nicht mehr an den verantwortlichen Detailkonstrukteur oder Zeichner. Dieser scheint offenbar jetzt vermehrt "überspielt" zu werden.

(6) Das Konzept "Insellösung" schlägt sich naturgemäss auch in der hierarchischen Struktur nicht allzu stark nieder. Getreu dem Grundsatz, dass sich CAD dem Betrieb anzupassen habe (und nicht umgekehrt) wird die bisherige formale Hierarchie und Kompetenzstruktur in der Einführungsphase beibehalten.
Von der CAD-Technologie als dezentrale Einheit ist a priori keine Entscheidungskonzentration zu erwarten - wie es z.T. bei EDV-Grossanlagen in den 60er Jahren beobachtet werden konnte (z.B. Whisler 1970). Zunächst kann sogar eine faktische Kompetenzausweitung der unteren Schichten festgestellt werden. In jenen Firmen bzw. Produktelinien, in denen CAD noch jung ist, haben die CAD-Benutzer einen Wissensvorsprung gegenüber ihren Vorgesetzten. Insofern können sich informelle Kompetenzstrukturen herausbilden, in denen überdies die CAD-Teams eine Führungsrolle erhalten.

Von daher ist es auch wenig erstaunlich, dass es z.T. Widerstände auf der Entscheidungsebene gegen die neue Technologie gibt. Als hemmend wird die Funktion des mittleren Managements diagnostiziert - zumindest in einem Teil der besuchten Firmen. Weil die neue Technologie deren Einflusssphären in Frage stellt, ist es nur konsequent, wenn sie sich nicht besonders enthusiastisch für die Einführung einsetzen. Dazu kommt ein ganz spezifisches Strukturmerkmal: "Middle managers frequently have budget responsibility, but not profit and loss responsibility. Therefore, a proposal to increase profits by improving quality or to lower cost by implementing a new technology does not directly affect them and is not particularly effective" (Howard o.J., S.2).

4.3.4.3. Integrationswirkung von Gesamtsystemen

(1) Die Integration von CAD/CAM Systemen bedeutet, dass die konventionell getrennten Einzelaufgaben in einen Gesamtablauf eingebunden werden. Technisch hat dies - im Extremfall - zur Folge, dass zwischen den Abteilungen keine "Papierinterfaces" mehr bestehen, sondern nur noch Datenmengen "weitergegeben" bzw. abgerufen werden. Damit würde der direkte Uebergang realisiert:

- in der F + E-Abteilung wird die Grobgeometrie festgelegt, die
- in der Konstruktion verfeinert und
- in der AVOR in die Fertigung umgesetzt wird,

und zwar ohne die Pläne oder Daten auf Papier auszudrücken und im nächsten Arbeitsgang wieder neu einzugeben.

Die konsequent zu Ende gedachte Interpretation erfasst selbstverständlich auch den eigentlichen Produktionsbereich (z.B. mit einem flexiblen Fertigungssystem), der allenfalls soweit automatisiert ist,dass sog. Geisterschichten gefahren werden können.
Auch wenn das volle Computer Integrated Manufacturing (CIM) kaum voll verwirklicht ist (und in schweizerischen Firmen schon gar nicht anzutreffen ist), die Tendenz in Richtung Integration ist eindeutig.

(2) Die Integration impliziert in viel stärkerem Masse als die Insellösung auch eine bestimmte abteilungsübergreifende Organisationsstruktur. Auch wenn im Detail eine Reihe von Gestaltungsspielräumen übrig bleiben, so sind die Rückwirkungen auf den Betrieb und die darin Beschäftigten erheblich massiver als bei Einzellösungen.

Zunächst kann - und das wird von allen Experten bestätigt - ein stärkeres Zusammenrücken von F + E, Konstruktion und AVOR vermutet werden. Ob allerdings der schon fast legendäre Graben zwischen der Konstruktion und der AVOR ganz überbrückt wird, kann nur die Zukunft weisen. Die Verwendung kompatibler Unterlagen ruft jedenfalls nach einer verbesserten Kommunikation. Gleichwohl dürfte eine Auflösung einer Abteilung - z.B. die Integration der AVOR in die Konstruktion - z.Zt. kaum zur Diskussion stehen. Auch in einem hochintegrierten CAD/CAM-System sind die der AVOR übertragenen Aufgaben auf den direkten Kontakt mit der Fertigung angewiesen. Es gilt ja gerade bei der

Fig. 4/15
Integration mit technisch bestimmten Schnittstellen

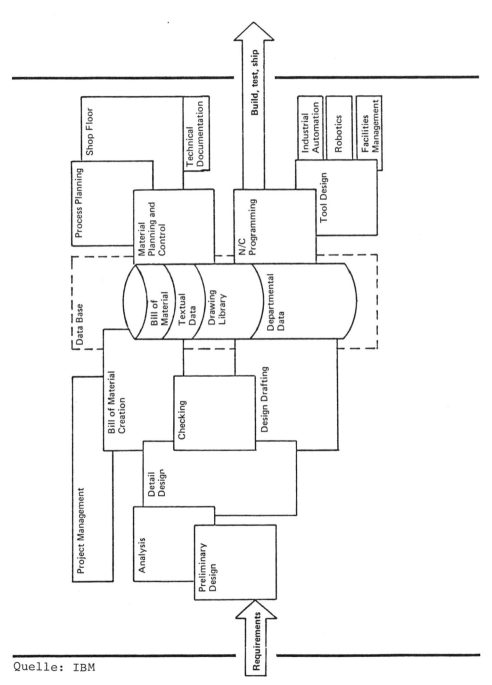

Quelle: IBM

Produktionsplanung und -steuerung, der Terminplanung sowie der Vervollständigung von Werkstattzeichnungen und Stücklisten die Belange der Fertigung einzubringen bzw. die Konstruktionsangaben fertigungsgerecht umzusetzen. In einem automatisierten Ablauf, und selbst wenn die CNC-Programmierung bis in die Konstruktion zurück verlagert werden sollte, für die Kontrolle und die "Spezialfälle" ist auf eine institutionalisierte Funktion an der Schnittstelle Konstruktion/Fertigung kaum zu verzichten.

(3) Einige Autoren vermuten, dass CAD/CAM nebst einer horizontalen auch eine vertikale Integration bewirkt (Roth 1983, 1/19, vgl. Fig.4/16). Und das führe zu einer stärkeren Trennung von

- planenden, dispositiven und organisatorischen Tätigkeiten einerseits, sowie

- ausführenden Tätigkeiten andererseits.

Damit werde - so die These - eine "Mechanisierung geistiger Arbeit" (Bechmann et al. 1979) vollzogen, die bei der Fertigung schon zu Beginn der Industrialisierung eingesetzt habe (vgl. Hoss 1983, S.12). Und dadurch würde die Integration machtverstärkend für den Management-Ueberbau wirken.
Soweit die vielfach geäusserte Hypothese.

(4) Was für diese These spricht: Im Zusammenhang mit der Einführung von CAD lässt sich eine Formalisierung der Arbeit beobachten. Schon in der Initialisierungs- und Aufbauphase, in Form von Insellösungen, sind einschlägige organisatorische Massnahmen ersichtlich. Und dies dürfte für ingegrierte Systeme noch viel mehr gelten.
Dazu gehören:

- Straffung des Arbeitsablaufes

- genauerer Beschrieb des Arbeitsplatzes

- stärkere Vereinheitlichung von Entwürfen

- ganz allgemein erhöhte Regelungsdichte.

Die analytischen Anforderungen steigen und der persönliche Handlungsspielraum nimmt in einem gewissen Teil der Arbeit ab. Offen ist allerdings, ob diese Veränderungen tatsächlich technologische Notwendigkeit sind oder ob die Technik dazu benutzt wird, ohnehin geplante organisatorische Umgestaltungen, gleichzeitig mit der CAD-Einführung durchzusetzen.

Fig. 4/16

Befürchtete horizontale und vertikale Integration

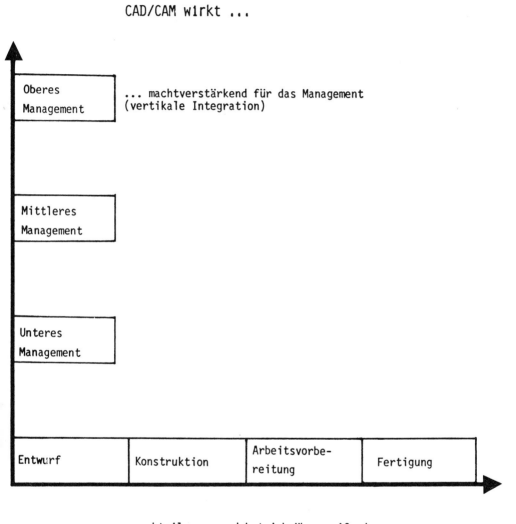

Quelle: Roth (1983), S.1/19

(5) Gegen die obige These spricht: Die Notwendigkeit des Zugriffs auf vorhandene Human-Ressourcen steigt mit dem Automatisierungsgrad an. CAD/CAM vermag all jene Tätigkeiten zu automatisieren, die digitalisierbar d.h. formalisierbar sind. Nebst den Handlungsfunktionen des Menschen, die zum Betrieb der Maschinen unabdingbar sind, verbleiben deshalb menschliche Fähigkeiten, welche komplementär genutzt werden (müssen). Hoss (1983, S.16) zählt dazu die Kreativität, nichtformalisierbares Erfahrungswissen, informelle Kooperationsbeziehungen, flexibles Reaktionsvermögen. Und diese Eigenschaften würden v.a. gebraucht beim Ingangsetzen neuer Produktionsanlagen, Stör- und Havariefällen, bei langfristigen Anpassungen und innovatorischen Prozessen.

(6) In diesem Zusammenhang nicht ganz unbedeutend ist, dass die Prozesse weniger durchschaubar sind. Von daher wird eine der traditionell hierarchischen Struktur überlagerten Projektstruktur notwendig. Oder, soweit eine solche bereits besteht, mit der Integration eine Verstärkung notwendig. Dieser Kompetenzzuwachs des Projektmanagements würde dann vermutlich auf Kosten des mittleren Managements gehen.

4.3.5. Anforderungsprofil und Qualifikation

4.3.5.1. Neues Fähigkeitsprofil

(1) Die Verschiebung der Tätigkeitsschwerpunkte vom konventionellen Arbeitswerkzeug weg zur Bedienung eines Rechners hin, verlangt z.T. ganz neue Fähigkeiten und Fertigkeiten. Einige wichtige, die wir im Rahmen unserer Gespräche eruieren konnten, sollen kurz erläutert werden:
- das räumliche Vorstellungsvermögen
- die Verringerung manueller Anforderungen bei gleichzeitig höheren Ansprüchen an das technische Know how
- das Spezialwissen.

(2) Konstruktion, z.T. auch die F + E und die AVOR verlangten in der Maschinenindustrie schon seit jeher ein gutes räumliches Vorstellungsvermögen. Aufwendige CAD-Programme sind bei entsprechender hardware in der Lage, zweidimensionale Darstellungen in dreidimensionale Geometriedarstellungen überzuführen oder zu speichern. Dies bringt einerseits den Vorteil, dass bisher zweidimensionale Darstellungen klarer und verständlicher abgebildet werden können. Andererseits können aber auch die Anforderungen an das räumliche Vorstellungsvermögen ansteigen. Soll nämlich die Konstruktion an 3-D-Modellen direkt erfolgen, ist dies eine einschneidende Veränderung gegenüber der herkömmlichen Arbeitsweise. Nicht zuletzt daraus entsteht die Forderung, die rechnerunterstützte Konstruktion der bisherigen Arbeitsweise anzupassen (Sock 1984), denn 3-D-Probleme wurden bis anhin mit 2-D-Werkzeugen gelöst - daran sind sich Konstrukteure, Zeichner und Arbeitsvorbereiter gewöhnt.

Ein Effekt beim Einsatz von CAD, der in Gesprächen mit Benutzern immer wieder zur Sprache kam, ist das Massstabproblem. Weil der Bildschirm gegenüber dem Zeichenbrett relativ klein ist, kann nur ein Ausschnitt der ganzen Konstruktion bearbeitet werden. Es fehlt mithin der früher gewohnte Ueberblick. Und was in diesem Zusammenhang ebenfalls moniert wird: Die Vorstellung über die Grössenverhältnisse ist erheblich schwieriger geworden.

(3) Dass ganz allgemein eine Verlagerung von bisherigen manuellen Tätigkeiten stattfindet, wurde schon in Kap. 4.3.2. festgestellt. Damit geht eine Verlagerung des Anforderungsprofils einher. Einige bisherige Tätigkeiten werden mit CAD obsolet. Dazu gehören beispielsweise das saubere und genaue Zeichnen. Die "rein" handwerklichen Fähigkeiten werden abgelöst durch die Anforderung, mit der neuen Technologie umgehen zu können, z.B. als sog. Kommandobeherrschung (auch VDI, 1983, S.104). Hierzu gehört aber auch, dass die analoge Betrachtungsweise durch eine digitale Geometrieform ersetzt wird (Buschhaus 1978, S.89): "Die Geometrie des zu beschreibenden Objektes muss in Volumenelemente, Flächenelemente, Gerade, Kurven und Punkte aufgelöst werden, und deren Lage innerhalb eines Koordinatensystems bestimmt werden". Es erfolgt eine Ablösung der Produktgestaltung durch eine Art Programmgestaltung. Und dass hierbei neue Kriterien das persönliche Anforderungsprofil definieren, ist wenig erstaunlich. Nur: Bis heute - nach einer noch nicht allzu langen Einführungsperiode - ist noch nicht vollständig geklärt, welches nun die erforderlichen Eigenschaften für eine erfolgreiche CAD-Arbeit sind.

In unseren Gesprächen haben wir die verschiedensten Versionen angetroffen. Hierzu zwei Extrembeispiele:

- Ein 30jähriger Detailkonstrukteur mit hohen inhaltlichen Qualifikationen, der sich mit der neuen Technologie nicht zurecht finden konnte.
- umgekehrt eine ebenfalls junge, aber nur mässig qualifizierte Zeichnerin (eine schlecht ausgebildete Ausländerin), die mit CAD eine kaum erwartete Niveauverbesserung erzielte.

Auch wenn die Kriterien schwierig zu fassen sind und daher das Alter nicht a priori ein Erfolgsmerkmal darstellt, drängt sich hier eine diesbezügliche Bemerkung auf. Aeltere bekunden z.T. grössere Anpassungsprobleme allein deshalb, weil sie den Umgang mit der neuen Technologie weniger gewohnt sind. Sie sind nicht in einer Welt der Mikroelektronik, der Taschenrechner und Personal Computer gross geworden.

(4) Im Zusammenhang mit der CAD-Anwendung wird die Hypothese vorgebracht, wonach das Wissen bzw. die erworbenen <u>Kenntnisse</u> vom Menschen wegverlagert und deshalb nicht mehr gebraucht würden (Cooley 1982, S.14). Dies wird damit begründet, dass die Maschine einschlägige Daten speichern kann. In den der Fertigung vorgelagerten Abteilungen würde sich damit der gleiche Prozess wie in der Produktion abspielen: Der Mensch kontrolliert und organisiert das Wissen der Maschine - ähnlich der Bedienung von CNC- bzw. DNC-Maschinen und Industrierobotern. In dieser eher noch undifferenzierten Form kann diese Hypothese weder verworfen noch akzeptiert werden. Vielleicht ist dies - und da stösst man an die Grenzen einer derartigen Untersuchung - letztlich eine Interpretationsfrage. Es ist zwar richtig, dass der Computer Wissen speichert, das im gegebenen Moment abgerufen werden kann, z.B. in Form von Makros, Angaben zu Werkstoffen und Oberflächengüte. Es ist aber auch richtig, dass neue Kenntnisse erworben werden müssen: die Bedienung der CAD-Station, der Umgang mit den Programmen und technologischen Daten, erhöhte Sprachkenntnisse, allenfalls Umgang mit organisatorischen Angaben (Registrierung, AVOR, Materialdisposition usw.). Diese Ausdehnung des Kenntnisspektrums kann man als Anforderung, aber auch als Erweiterung von rein mechanischem Wissen (z.B. der Manipulation) interpretieren.

(5) Berücksichtigt man die obigen Ansprüche, lassen sich die spezifischen Anforderungen an die verschiedenen Berufe wie folgt beschreiben;

- Eigentlich am wenigsten ändert sich für die Forschungs- und Entwicklungsingenieure. Sie sind sich gewohnt in abstrakten, z.T. digitalisierten Kategorien zu denken. Immerhin wird EDV hier traditionellerweise schon lange eingesetzt. Mit dem interaktiv-graphischen System vereinfacht sich die Arbeit - die Ansprüche werden sogar eher geringer. Komplexe Strukturen und Berechnungen (z.B. Finite-Elemente-Methoden) können zusätzlich dargestellt werden.

- Nimmt man beim Konstrukteur die in Fig.4/17 angeführten Kriterien der konventionellen Tätigkeit als Ausgangspunkt (vgl. Vögeli 1966), so lässt sich folgendes zusammenfassen: Einige der bisherigen technischen Fähigkeiten sind in der Tat weniger notwendig. Dafür kommen neue Anforderungen dazu. Die wichtigsten sind: erhöhte Bereitschaft zur Normierung (Ordnen und Stilisieren), technisches Know-how und Denken in digitalen Kategorien. Was die charakterlichen Fähigkeiten anbelangt, sind sich diese den bisherigen recht ähnlich. Zusätzliche Anforderungen werden allenfalls an die Vorstellungskraft, Entschlussfreudigkeit und das ausgeglichene Temperament gestellt. Ueber die Kreativität sind die Meinungen gespalten: Von den einen (Experten und Benutzern!) wird eine Zunahme der Kreativitätsanforderungen und von den anderen eine Abnahme diagnostiziert. Sicher ist nur: Jene Konstrukteure, die jetzt als CAD-Zeichner eingesetzt werden, verspüren eine Abnahme diesbezüglicher Ansprüche. Der Konstrukteur kann aber - dank der neuen Technologie - in einem späteren Stadium anspruchsvollere Arbeiten übernehmen, so z.B. 3-D-Modellierung und allenfalls Finite-Elemente-Berechnung.

- Auch für den Zeichnerberuf gilt, dass an das räumliche Vorstellungsvermögen höhere Anforderungen gestellt werden. Dazu kommt eine minimale Begabung, mit neuen Technologien umgehen und mit abstrakten statt mit konkreten Produkten arbeiten zu können (Datenmengen statt Pläne!). Für jene, die den Sprung schaffen, können sich - je nach Interpretation - neue, z.T. anspruchsvollere Tätigkeitsfelder eröffnen.

- Aehnliches ist für den Arbeitsvorbereiter anzunehmen. Die konkreten Aufgaben werden teils vom Rechner übernommen (Stücklistenbereinigung usw.), derweil er den Umgang mit den neuen Technologien lernen muss.

Fig. 4/17
Aenderung des Fähigkeitsprofils der Konstrukteure

Profil	Veränderung
Technische Fähigkeiten:	
Begabung zum Gestalten	0
Kenntnis der bewährten Konstruktionselemente	-
Gute allgemeine Ingenieur-Kenntnisse	0
Spezialkenntnisse auf besonderen Gebieten	-/+
Kenntnisse der (fein-)mechanischen Fertigung	0
Umfassende Werkstoff-Kenntnisse	-
Organisationsgabe beim Aufbau von Fertigungsunterlagen	-
Mass- und Toleranzsicherheit	-
Wirtschaftliches Denken, Kostenbeurteilung	0
Sinn für Normung und Typung	+
Wille und Fähigkeit zur Koordination	-/+
Wille und Fähigkeit zum Ordnen und Stilisieren	+
Technisches Know-how	+
Denken in digitalen Kategorien	+
Charakterliche Fähigkeiten:	
Geduld und Ausdauer	0
Intelligenz und Bildungsverlangen	0
Vorstellungs- und Kombinationsgabe	+
Technisches Gedächtnis	-
"Kraft-Last-Vorstellung"	-
Schöpferische Begabung (Kreativität)	-/0/+
Aufmerksamkeit und Aufgeschlossenheit	0
Entschluss-Freudigkeit	+
Selbstkritik und Toleranz	0
Verantwortungsfreudigkeit	0
Konstruktiver Optimismus	0
Gleichmässiges Temperament	+

Legende: - abnehmend; + zunehmend; 0 gleichbleibend

4.3.5.2. Technologieorientierte Ausbildungsanforderungen

(1) Das Thema Ausbildung ist sehr facettenreich. Zum einen ist es - aus betrieblicher Sicht - eine wirtschaftliche Frage, ob die CAD/CAM-Systeme mit entsprechend ausgebildeten Mitarbeitern auch tatsächlich optimal eingesetzt werden können. Zum anderen ist eine gute Schulung für den Benutzer notwendig, weil dadurch im täglichen Gebrauch erheblich weniger Stresssymptome auftreten.

(2) Geht man die schweizerische Bildungs- und Ausbildungslandschaft durch, so zeigt sich diesbezüglich ein hohes Defizit. An den einschlägigen Schulen wird CAD nicht gerade negiert, immerhin aber im Lehrplan mehr oder weniger stark beiseite gelassen. Dies gilt namentlich dort, wo Maschineningenieure, Konstrukteure und Zeichner ausgebildet werden. Der Rückstand in der eigentlichen EDV-Ausbildung wird dagegen im Moment aufgeholt (vgl. Diethelm 1984, S. 28f.).
In den Ausbildungsstätten der später in der Maschinenindustrie Tätigen ist z.Zt. die CAD-Ausbildung, wie folgt integriert:

- Am Lehrstuhl für Werkzeugmaschinenbau und Fertigungstechnik der ETH Zürich findet auf der Forschungsseite eine Auseinandersetzung mit CAD-Systemen statt. Von daher fliesst auch einiges in die Ausbildung der heutigen Maschineningenieur-Generation ein.

- An den Höheren Technischen Lehranstalten ist die Situation derart, dass zwar einschlägige Systeme eingesetzt werden. Der Lehrplan an einigen Ausbildungsstätten kommt indessen noch ohne bzw. ohne einen Schwerpunkt CAD/CAM aus. Es bleibt dann der Initiative einzelner Mitglieder des Lehrkörpers überlassen, in einigen Fächern derartige Problemstellungen einzubringen.

- Und schliesslich die Gewerbeschulen, an denen die Zeichner unterreichtet werden. Hier beschränkt sich der Unterricht auf die traditionellen Fächer - wohl uneingedenk der Tatsache, dass die heute ausgebildeten Zeichner grösstenteils eines Tages auf CAD eingeschult werden müssen, wenn sie ihren Beruf beibehalten wollen.

Fig. 4/18

Lernziele für Zeichner

a) Grundkenntnisse in allgemeinbildenden Schulen
- Begriffe Hard- und Software
- Grundeinheiten einer Datenverarbeitungsanlage und ihre Funktion
- Bedeutung der Programmiersprachen und der Programme
- Einsatzmöglichkeiten von elektronischen Datenverarbeitungsanlagen
- Folgen der elektronischen Datenverarbeitung

b) Grundkenntnisse Zeichner
- Beispiele für den Einsatz von elektronischen Rechnern im technischen Büro
- Unterschiede zwischen einer Datenverarbeitung im Stapel- und Dialogbetrieb
- Bedingungen und Voraussetzungen für die rechnerunterstützte Zeichnungserstellung
- Ein- und Ausgabegeräte einer Datenverarbeitungsanlage, insbesondere für den Dialogbetrieb und ihre Funktion
- Funktion der Zentraleinheit und der externen Speicher einer Datenverarbeitungsanlage
- grundsätzliche Möglichkeiten der Geometrieerfassung durch den Rechner

c) Erweiterte Kenntnisse der Zeichner zur selbständigen Anwendung von CAD
- einzelne Komponenten einer EDV-Anlage zur rechnerunterstützten Zeichnungserstellung und deren Funktion
- Handhabung der Komponente eine EDV-Anlage, die das Arbeiten im Dialog mit dem Rechner ermöglichen
- Handhabung eines Programmsystems aus dem Bereich der Zeichnungserstellung
- Aufbereitung der Eingabedaten für den Rechner
- Zahlendarstellung bei der Datenverarbeitung anhand des binären Zahlensystems
- grundsätzliche Möglichkeiten der Geometrieerfassung durch den Rechner

- geometrische Grundelemente, mit denen ein technisches Objekt dargestellt werden kann, und deren charakteristische Achsen und Masse

- Positionen der einzelnen zur Beschreibung eines technischen Objektes verwendeten geometrischen Grundelemente in einem Koordinatensystem

- Addition und Substraktion von geometrischen Grundelementen technische Objekte bildlich zerlegen und aufbauen.

Quelle: Buschhaus (1979)

(3) Angesichts dieser Situation wird von allen besuchten Firmen ein Mangel an Arbeitskräften mit einschlägigen Voraussetzungen beklagt. CAD-Benützer werden deshalb in den **Betrieben selbst** ausgebildet. Auch wenn zwischen den Firmen Unterschiede im Ausbildungskonzept bestehen, die eigentliche Ausbildungszeit hält sich in Grenzen. Sie beträgt in einem der besuchten Betriebe für die 2-D-Systeme

- 1 Woche Kurs plus

- 2-3 Monate Trainingsphase

sowie für 3-D-Programme zusätzlich

- 1 Woche Kurs plus

- 2 Monate Trainingsphase

Damit kann die grundlegende Handhabung gelernt werden. Dazu kommt natürlich das learning by doing, das dann über eine längere Zeit dauert.
Für die einzelne Firma ist die CAD-Ausbildung teuer, besonders dann, wenn verschiedene Systeme im gleichen Konzern eingesetzt werden und entsprechend unterschiedliche Ausbildungsprogramme nötig sind.

(4) Für die Zukunft ist zwar zu erwarten, dass die Handhabung von CAD-Stationen einfacher wird. Gleichzeitig dürfte indes auch die Komplexität der zu lösenden Aufgaben zunehmen. Umsomehr sind also zusätzliche Anforderungen an das Ausbildungssystem zu formulieren. Und dies insbesondere zu Gunsten jener Gruppe, die durch die Technologie am meisten bedroht ist und heute - paradoxerweise - am wenigsten gut vorbereitet wird; gemeint sind die Zeichner und Hilfskräfte.
Im Grundsatz sind es primär zwei **Ausbildungsinhalte,** die es zu fördern gilt:

- das analytische Denken und

- den Umgang mit Rechnern.

Eine Differenzierung der anzustrebenden Lernziele wurde vom Buschhaus schon 1979 vorgelegt (vgl. Fig.4/18).Diese dürften, obwohl sie für die Bundesrepublik erarbeitet wurden, in dieser oder abgeänderten Form auch für die Schweiz Mitte der achtziger Jahre gelten.

4.3.5.3. Selektiv verminderte und (erhöhte?) Aufstiegschancen

(1) Sowie alle anderen in Betrieben eingesetzte Technologien verändert auch CAD die vertikale Durchlässigkeit. D.h. es werden neue Bedingungen geschaffen, werin den gegebenen und neuen Strukturen Aufstiegschancen hat. Auch wenn sich infolge CAD - so eine erste Folgerung aus den Gesprächen - nicht allzu grosse Veränderungen ergeben, im einzelnen werden doch, wie z.T. früher schon angetönt, neue Voraussetzungen geschaffen.

(2) Am deutlichsten sind die Veränderungen voraussichtlich in der AVOR. Ein Grossteil des Personals sind heute Betriebsfachleute mit praktischer Erfahrung in der Fertigung (Lehre und Weiterbildung). Die AVOR wird damit zu einer Aufstiegschance für das Personal in der Fertigung.
Mit dem vermehrten EDV-Einsatz in der AVOR kann diese Durchlässigkeit leiden (ähnlich Manske/Wobbe 1983, S.115 sowie Hoss 1983, S.65). Die Anforderungen an das abstraktlogische Denken und die Erfahrung mit dialogfähigen Systemen umzugehen, steigen an. Demgegenüber dürften die in der Fertigung gewonnenen Kenntnisse weniger stark im Vordergrund stehen.
Von Fachleuten der AVOR wird aber betont, dass eine eingehende Kenntnis der Fertigung auch weiterhin für ein erfolgreiches Wirken unabdingbar sei. Und es gibt in der Tat Hinweise darauf, dass CAD/CAM-Systeme weder in der AVOR noch in anderen Abteilungen die traditionellen Kenntnisse (vom Produktionsverfahren usw.) ersetzen können. Vielmehr kommt in der Regel das CAD/CAM-Wissen additiv dazu.

(3) In der Konstruktion sind es v.a. die Zeichner, die von den Veränderungen betroffen sind. Hier dürfte sich in der Tendenz tatsächlich eine Art Polarisierung vollziehen. Drei Kategorien sind zu unterscheiden:

- "Aufstieg" von Zeichnern zu selbstverantwortlichen Detailkonstrukteuren oder allenfalls Konstrukteuren; CAD ändert hier wenig, weil schon heute z.B. Maschinenzeichner selten ihrem erlernten Beruf treu bleiben. Allgemein dürften aber für die Konstrukteurenauswahl andere Selektionskriterien eine Rolle spielen (stärkere Betonung technischer Belange)

- Umschulung auf CAD-Zeichner und im Prinzip dadurch Beibehalten des bisherigen Status

- Wegrationalisierung oder Abstieg zu reinen Maschinenbedienern (Kontrollieren, Plotterbedienung usw.)

Für die Konstrukteure selbst ändert sich wenig, zumindest wenn CAD-Konstruktion im Status mit der herkömmlichen Konstruktion gleichgesetzt wird. Neue Wege eröffnen sich indes in die mehr technischen Berufe als Systemanalytiker usw. (vgl. Kap. 4.3.2.).

(4) Von den betrachteten Abteilungen am wenigsten betroffen ist die <u>Forschung und Entwicklung</u>. Für die Ingenieure bleiben sich die Bedingungen ohnehin gleich. Und die hier beschäftigten Zeichner haben auch heute wenig Aufstiegschancen innerhalb der Abteilung.

4.4. Konklusionen

4.4.1. Die wichtigsten Punkte

(1) Was sind nun die wichtigsten Folgerungen, die aus den obigen Ausführungen gezogen werden können? Zunächst gilt es festzustellen: Eine (zusammenfassende) Konklusion beinhaltet zwangsläufig eine Wertung. Und gerade im Hinblick auf diese wertende Beurteilung ergeben sich Schwierigkeiten, denn

- erstens können die verschiedenen Auswirkungen kaum gegeneinander abgewogen werden - etwa in der Art, eine Zunahme des Stresses sei gravierender als die Abqualifizierung von Zeichnertätigkeiten.

- zweitens stehen in Diskussionen vorab die nackten Tatsachen und weniger die normativen Einschätzungen im Vordergrund - dies haben auch Gespräche mit Sozialpartnern gezeigt und

- schliesslich drittens: es gibt keine im Grundsatz unterschiedliche Entwicklungsszenarien - so wie wir das zu Beginn der Arbeit erwarteten - und somit ist auch keine Beurteilung derselben möglich (wohl gibt es aber Handlungsmöglichkeiten im konkreten Einsatz der neuen Technologie).

Eine Gewichtung ist auch deshalb schwierig, weil je nach Sichtwinkel die Relevanz der aufgeführten Veränderungen unterschiedlich beurteilt werden müsste. Hier gilt es indes bereits einzuschränken: Der immer wieder beschworene Zielkonflikt zwischen Produktivität und Arbeitsplatzqualität konnte nur vereinzelt erkannt werden. Vielfach bestände die Möglichkeit, beide Aspekte unter einen Hut zu bringen.
Der folgende "Auszug" versucht, diesen Ueberlegungen Rechnung zu tragen.

(2) Ein wesentlicher Befund ist, dass CAD ein neues Arbeitsmittel darstellt, das die konventionellen Hilfsmittel verdrängt. Es handelt sich nicht um eine Revolution, sondern um den Ersatz eines konventionellen durch ein computerunterstütztes Arbeitsmittel - ein Prozess, der in verschiedensten anderen Bereichen bereits

früher stattgefunden hat. Gerade in der Maschinenindustrie hat ja die Mechanisierung und Automatisierung schon sehr früh eingesetzt. Man ist sich gewohnt, mit neuen Technologien zu arbeiten (NC- bzw. CNC-Maschinen in der Fertigung, Computer in F + E). Am stärksten betroffen vom neuerlichen Wandel ist die Konstruktionsabteilung, derweil CAD bei der F + E ein weiteres Arbeitsinstrument unter andern darstellt. Ebenfalls recht erheblich spürbar dürfte der Uebergang in der AVOR sein.

(3) Die Betroffenheit der einzelnen Benutzer ist von einer Reihe individueller Merkmale abhängig. Wesentlich erscheint der Schwerpunkt der Tätigkeit:

- Zeichnertätigkeiten können, weil sie formalisierbar sind, weitgehend durch das Computersystem übernommen werden. Reine Zeichnerarbeitsplätze werden verschwinden; die dort Beschäftigten werden auf CAD eingeschult, verrichten zukünftig Hilfsarbeiten oder werden "wegrationalisiert".

- Konstruktionsarbeiten sind vorläufig weniger betroffen, weil CAD-Systeme primär als Zeichengeräte benutzt werden; aber auch beim Einsatz für das Design (Konstruktion) wird die Konstruktionsarbeit als solche nicht ersetzt.

- In diesem Sinne weniger betroffen sind auch die Beschäftigten in Forschung und Entwicklung sowie in der AVOR.

Was die qualitativen Auswirkungen abelangt, sind im weiteren ganz spezifische Persönlichkeitsmerkmale von Bedeutung. Der (vorläufig) typische CAD-Benutzer ist jung und technologiebegeistert, negative Auswirkungen wie z.B. Stresszunahme, Leistungsverdichtung und Zunahme des Abstraktheitsgrades stören ihn weniger.

(4) Die Perzeption ist dabei ganz entscheidend von der Ausbildung abhängig. Benutzer, die mit einem CAD-System umzugehen wissen, werden durch die Veränderungen erheblich weniger belastet als solche, die noch zu wenig wissen oder noch keine Uebung im Umgang mit dem System haben. Zentrales Anliegen ist deshalb, eine gute Schulung vorzusehen - damit kann nicht nur höchste Effizienz, sondern auch die Minimierung negativer Auswirkungen gewährleistet werden. Im übrigen scheint es wichtig, dass das ganze (Aus-)bildungsumfeld entsprechend angepasst ist (vgl. unten).

(5) Die Akzeptanz von CAD ist z.Zt. relativ hoch. Allerdings: Heutige Benutzer arbeiten zumeist freiwillig an den Systemen und für Nichtinteressierte hat es innerhalb der Firma noch genügend traditionelle Arbeitsplätze. Es ist von daher wenig erstaunlich, dass wir in unseren Gesprächen eigentlich, von Ausnahmen abgesehen, auf keine fundamentalen Akzeptanzprobleme gestossen sind. Ob allerdings diese Situation bestehen bleibt, wenn auf breiter Ebene CAD eingesetzt wird, kann nur die Zukunft weisen.

(6) CAD-Systeme übernehmen zwar einen Teil der menschlichen Arbeit und des menschlichen Wissens, sie sind aber nicht in der Lage den menschlichen Denkprozess zu ersetzen. Insofern sind die spezifischen Funktionen von Mensch und Maschine komplementär. Es entstehen neue Mensch-Maschine-Arbeitsteilungen, deren Schnittstellen sich im Laufe der Zeit bzw. mit der Weiterentwicklung der Technologie verschieben. Nur ein Teil der bisherigen Fähigkeiten und Kenntnisse wird dabei obsolet, dazu gehören grösstenteils die manuellen Fertigkeiten (bei den Zeichnern). Indes: auch wenn viele Wissenskomponenten durch die Maschine absorbiert werden, verbleibt eine ganze Reihe herkömmlicher Anforderungen (so z.B. bei den Konstrukteuren). Das CAD-Wissen kommt additiv dazu.

(7) Und schliesslich eine Konklusion hinsichtlich der Kausalität zwischen dem CAD-Einsatz und den ihm zugeschriebenen Auswirkungen: Es gilt hier zu unterscheiden:

- Auswirkungen, die mehr oder weniger direkt aus dem Umgang mit der neuen Technik resultieren: Hierzu gehören die bekannten ergonomischen Symptome der Bildschirmarbeit, die Abnahme der Kommunikationshäufigkeit, die Sogwirkung der Bildschirmarbeit usw.

- Folgen, die eng gekoppelt sind mit dem organisatorischen Umfeld von CAD: die Tätigkeitsbreite, der arbeitszeitliche Gestaltungsspielraum, die Kontrolle usw.

- Und dann Auswirkungen, die nicht auf den CAD-Einsatz zurückzuführen sind, mit dessen Zeitpunkt aber zusammenfallen und daher fälschlicherweise kausal interpretiert werden.

(8) Unter Berücksichtigung dieser Folgerungen kommen wir zu dem <u>Schluss</u>, dass es, will man CAD optimal einsetzen, eine Reihe von Aspekten zu berücksichtigen gilt. Dabei gibt es Auswirkungen, die entweder nicht verhinderbar sind oder eben auch von den einen als Problem empfunden, von anderen dagegen als unproblematisch angesehen werden. Immerhin besteht, das hat der Auswirkungsbeschrieb deutlich gemacht, an einigen Stellen die Möglichkeit, mit unterschiedlichen Handlungsweisen auch die Auswirkungen zu steuern. Und genau auf diese Handlungsoptionen soll in der Folge kurz eingetreten werden.

4.4.2. Ansatzpunkte für die Steuerung

---

(1) Die in der Folge zu beschreibenden Ansatzpunkte sollen aufzeigen, wo und wie allenfalls der Einsatz der neuen Technologie steuerbar ist. Es wird dabei nur sehr bedingt auf <u>mögliche Träger</u> für solche Massnahmen Bezug genommen. Aus diversen Gesprächen (u.a. auch mit dem BIGA, Abteilung Arbeitnehmerschutz) hat sich nämlich ergeben, dass eine intensive Auseinandersetzung mit dem Thema CAD/CAM auf institutioneller Ebene weitgehend noch nicht stattgefunden hat oder stattfindet. Ausgenommen sind physische Gefahren, die zwangsläufig unter das Arbeitsgesetz (1964) und/oder das Unfallversicherungsgesetz (1981) fallen. CAD-Anwendungen gehören indes kaum zu dieser Kategorie.
Wer im Zusammenhang mit CAD-Einsätzen in der Maschinenindustrie also welche Rolle einnehmen bzw. sinnvollerweise übernehmen wird, bleibt vorläufig offen.

(2) Die Ausführungen beschränken sich ausserdem auf eine eher grobe <u>Einschätzung</u>. Dies entspricht der Intention des vorliegenden Berichtes. Die Auswirkungen wurden in einem breiten Querschnitt erfasst, weshalb es auch nicht opportun ist, die Steuerungsansätze detaillierter als das Grundlagenmaterial zu diskutieren.
Schliesslich werden jene Ansätze ausgeklammert, die bereits recht gut dokumentiert sind. Das sind vorab die, auch bis dahin kaum erwähnten ergonomischen Aspekte (vgl. hierzu u.a. Spinas/Troy/Ulich 1983).

Die Handlungsoption "Einführungsgeschwindigkeit"

(1) Spricht man von Einführungsgeschwindigkeit, so unterstellt man implizit, dass die betrachtete Technologie in Zukunft umfassend eingesetzt wird, mithin ein Entscheidungsspielraum "ja oder nein" gar nicht besteht. Die mit Experten und Vertretern der Maschinenindustrie geführten Gespräche deuten in der Tat auf eine solche Einschätzung hin: Man rechnet damit, dass CAD und später CAD/CAM in der Maschinenindustrie auf breitester Basis Anwendung finden wird. Und die "Lücken" am Ende des Diffusionsprozesses dürften nur noch relativ klein sein. Immerhin kann aber das Einführungstempo variiert werden. Und durch die Verlängerung der Uebergangszeit können die Anpassungsprobleme minimiert werden.

(2) Allerdings dürften schon allein die Applikationskosten ein zu forsches Einführungstempo verhindern. In der vorliegenden Fallstudie wurde der Kostenaspekt schon wiederholt angeschnitten. Was im Zusammenhang mit der Durchsetzungsgeschwindigkeit aber nochmals betont werden muss: Die Kosten umfassen nebst der Hard- und Software namentlich auch organisatorische Anpassungsleistungen. Und gerade hier besteht ein wesentlicher Engpass, insbesondere wenn die Integration als CAD/CAM-System angestrebt wird. Hierzu Hoss (1983, S.29): "Die Zeitspanne von der Anwendung erster, isolierter CAD/CAM-Systeme bis zum Beginn der Phase, in der ein Unternehmen alle schrittweise eingeführten Systeme zur rechnerunterstützten Konstruktion und Fertigung samt der Systeme für die Planung, Steuerung und Ueberwachung der betrieblichen Abläufe völlig integriert hat, umfasst nach dieser Untersuchung mindestens zehn Jahre, häufig sehr viel mehr."
Unsere Gesprächspartner waren in der Einschätzung grösstenteils noch vorsichtiger - insbesondere auch ein EDV-Leiter im weitest fortgeschrittenen Betrieb. Danach ist schon allein für einigermassen funktionierende Insellösungen mit 10 Jahren und für die Integration mit 20 Jahren Einführungszeit zu rechnen. Namentlich die Integration erfordert ja (vgl. Kap. 4.3.4.) eine relativ radikale organisatorische Umstellung der Firma. Das Ziel bei der Einführung ist es einstweilen, hier keinen Bruch entstehen zu lassen, sondern eine progressive Aenderung zu erreichen. Natürlich gibt es auch Ausnahmen: Firmen nämlich, die CAD/CAM-Systeme relativ schnell implementiert und die Organisation entsprechend angepasst haben.

Die Handlungsoption "Organisation"

(1) Im Zusammenhang mit der CAD-Einführung kommt den organisatorischen Handlungsspielräumen eine zentrale Rolle zu: Die für den Benutzer wohl wichtigste Wirkung ist, ob mit der neuen Technologie eine weitere Aufteilung der Aufgaben in Spezialfunktionen durchgesetzt wird. Die umgekehrte Richtung weist zu Mischarbeitsplätzen. Mischarbeitsplätze entstehen dann, wenn von der gleichen Person unterschiedliche Aufgaben zu erledigen sind (Spinas/Troy/Ulich 1983, S.71; Weltz 1982, S.19): vor- und nachgelagerte Arbeiten, konzentrationsintensive und konzentrationsärmere Arbeitsphasen, unterschiedliche Beanspruchungsschwerpunkte usw. Im Hinblick auf den CAD-Einsatz sind organisatorische Massnahmen vorab in der Betriebsform zu sehen:

- Beim closed-shop entstehen relativ stark arbeitsteilige CAD-Arbeitsplätze, mit langen Bildschirmarbeitszeiten und wenig Abwechslung. Ob dafür die Produktivität, wie vielfach angenommen wird, auch tatsächlich höher ist, konnte im Rahmen des vorliegenden Projektes nicht geklärt werden.

- Beim open-shop sind dagegen Mischarbeiten voherrschend. Diesem vielfach als Vorteil genannten Aspekt steht indes ein gravierender Nachteil gegenüber. In den von uns besuchten Unternehmen sind Mischarbeitsplätze vorab deshalb entstanden, weil Konstrukteure an CAD-Arbeitsplätzen arbeiten und dort zum grössten Teil Aufgaben der Zeichner bzw. Detailkonstrukteure verrichten. Werden Konstruktionsarbeiten dadurch zu Mischarbeiten, sind keine Zeichnerarbeitsplätze mehr vorhanden. Oder anders ausgedrückt: Für jene Zeichner, die nicht Konstrukteure werden können, entfällt die Chance, wenigstens CAD-Zeichner zu werden. Mittelfristig verlieren sie also ihren Arbeitsplatz.

(2) In dieser Hinsicht gilt es ausserdem einen Aspekt zu diskutieren, der mit der Einführungsphase zusammenhängt. Insbesondere ältere Mitarbeiter dürften grösstenteils keine CAD-Ausbildung mehr durchmachen. Von daher stellt sich die Frage, ob in der Uebergangszeit die noch verbleibenden konventionellen Arbeiten primär diesen Personen vorbehalten werden sollten. Mit organisatorischen Massnahmen, die nicht unbedingt den optimalen "Endzustand" repräsentieren müssen, müssten entsprechende Aufgaben in den übrigen Ablauf integriert werden.

(3) Technologisch gesehen verhindert ein CAD-Einsatz allenfalls vorhandene <u>Dezentralisierungsbemühungen</u> nicht. Im Gegenteil: Die CAD-Technologie schafft unter gewissen Bedingungen ein Flexibilitätspotential, sofern die Fachabteilungen im CAD-Implementationsprozess eingebettet werden (vgl. unten).
Rein räumlich besteht zunächst die Möglichkeit die CAD-Arbeitsplätze als Pool zu zentralisieren oder in den herkömmlichen Räumlichkeiten zu installieren. Die räumliche Anordnung hängt nicht zuletzt vom gewählten Bildschirm ab (vgl. unten). Verlangt der Bildschirm eine Verdunkelung, ist allerdings ein verdunkelter Raum notwendig - zentral oder abgeschirmt im angestammten Büro.

Diese rein räumliche Anordnung sagt indes noch nicht über das zugrunde gelegte Organisationskonzept aus. In dieser Hinsicht wird von arbeitswissenschaftlicher Seite (z.B. Ulich/Baitsch/Alioth 1983) eine Delegation von Kompetenzen und Verantwortung sowie eine flache Unternehmensstruktur gefordert. Man würde das Arbeitsmittel CAD allerdings überfordern, wollte man solche Entscheidungen damit in Zusammenhang bringen. Dezentralisierung auf allen Ebenen ist eine Frage des Managementkonzeptes und nicht der eingesetzten Technologie. CAD und selbst CAD/CAM-Systeme lassen hier weitgehend den Spielraum offen.

(4) Was nur bedingt zur Organisation gehört, gleichwohl aber entscheidende Bedeutung hat, ist die <u>Anzahl Arbeitsstationen.</u> Im Auswirkungsbeschrieb wurde wiederholt festgestellt, dass ein Problem die Zugänglichkeit zum CAD-System sei. Im open-shop-Verfahren kann deshalb das beschränkte Angebot an CAD-Arbeitsplätzen zu Verzögerungen und z.T. Belastungen der Benutzer führen. Als - wenn auch nicht billiger - Handlungsspielraum besteht die Möglichkeit, durch eine hohe Stationen-Dichte den Arbeitskomfort zu steigern.

Die Handlungsoption "Technologie"

(1) Mit der Auswahl der Hardware, insbesondere des Bildschirms und z.T. der Eingabeperipherie, wird namentlich die ergonomische Seite des Problems angeschnitten.
Was die Eingabeperipherie anbelangt, geht es aus Benutzersicht vor allem darum, eine breite Palette von Eingabegeräten (Maus, Leuchtstift, Menuetablett usw.) vorzusehen, um damit eine möglichst hohe Wahlfreiheit zu gewährleisten.
Und in bezug auf den Bildschirm werden zwei Typen, Speicher- und Refresh-Bildschirme, unterschieden (vgl. auch Angermaier/Burr/Weber IBS 1983, S.56). Beide haben ihre spezifischen Vor- und Nachteile (vgl. Kap.4.2.2.). Daneben ist auch die Leistungsfähigkeit des Gesamtsystems bedeutend.
Wie die Interviews zu zeigen vermochten, ist ja gerade die Antwortzeit, bzw. die nicht selber gewählte "Pause" bis das System antwortet, ein wichtiger Belastungsfaktor. Ein einfacher Handlungsspielraum entsteht also dadurch, dass die Leistungsfähigkeit des Systems auf die effektiv erwartete Leistung abgestimmt sein sollte.

(2) Eine weitere Möglichkeit betrifft die angewendete Software. Prima vista wird hier die Forderung nach Benutzerfreundlichkeit erhoben. Grundsätzlich geht es um die gleichen Punkte wie von arbeitswissenschaftlicher Seite im Zusammenhang mit der Arbeit an Bildschirmen diskutiert (und gefordert) wird. Es sind dies etwa (vgl. Spinas/Troy/Ulich 1983):

- Flexibilität (Beeinflussbarkeit) bzw. benutzer- und/oder computergesteuerter Dialog

- Transparenz (Durchschaubarkeit)

- Zuverlässigkeit (Vorhersehbarkeit)

- logische und einfache Bedienbarkeit

- abwechselnd Tätigkeiten mit hohen und tiefen Konzentrationsanforderungen (z.B.durch Nicht-Automatisierung aller automatisierbaren Tätigkeiten, vgl. Kühn 1980, S.178).

Dass die Wichtigkeit der einzlenen Forderungen je nach Benutzer unterschiedlich sind, konnte im Auswirkungsbeschrieb gezeigt werden. Dazu kommt, dass offensichtlich in der Anfangsphase viele, später wichtiger werdende

Ansprüche von den Benutzern noch wenig erkannt werden.
Insofern lassen sich die obigen Ansatzpunkte für eine
Steuerung mit den Benutzer-Interviews (noch) nicht voll
stützen, wohl aber mit den Erfahrungen in der BRD.

(3) Gerade von gewerkschaftlicher Seite wird die Forderung vorgebracht, dass auf die Entwicklung neuer
Technologien Einfluss genommen werden soll (vgl. für
die BRD: Roth 1983, S.6/11ff.). Damit soll gewährleistet werden, dass die Forderungen der zukünftigen Benutzer in die neuen Entwicklungen eingehen.
Ob indes bei der Hardware ein so grosser Spielraum besteht und vor allem ob die Einflussstärke so gross
sein kann, ist zu bezweifeln. Gerade in der Schweiz werden ja keine CAD-Systeme (mehr) entwickelt (einschlägige Versuche, z.B. von Bührle, sind wieder abgebrochen
worden). Heute werden im wesentlichen internationale
Systeme vertrieben, deren Entwicklungen im Ausland
- ausserhalb der schweizerischen Einflusssphäre - stattfinden.
Besser sind die Voraussetzungen bei der Software. Auch
wenn die Basissoftware grösstenteils von den Hardware-Herstellern mitgeliefert werden, sind jeweils Anpassungen für deren spezifische Anwendungen nötig. Entsprechende Forderungen können hier (oder bei Weiterentwicklungen) eingebracht werden.

Die Handlungsoption "Ausbildung"

(1) Der Ausbildung kommt im Rahmen von CAD/CAM-Implementationen eine zentrale Rolle zu. Dies konnte schon
im Zusammenhang mit dem Auswirkungsbeschrieb gezeigt
werden, wo einige Aenderungen bezüglich beruflichem
Anforderungsprofil aufgelistet sind.
Festzustellen gilt es von vornherein ganz klar: die Aus- und Weiterbildung muss auf einer breiten Basis ansetzen.
Einzubeziehen sind (sofern man die Ausbildung als Handlungsnansatz versteht)

- alle potentiellen Benutzer

- alle irgendwie liierten Ausbildungsinstitutionen.

(2) Von den <u>potentiellen Benutzern</u> sind es primär die Konstrukteure, die Zeichner und die Arbeitsvorbereiter (Produktionsplanung sowie -steuerung), die gegenüber heute eine einschneidende Veränderung, bemerken werden. Vor dem Hintergrund der im Kap. 4.3. beschriebenen Tatbestände sind es vorab die <u>Zeichner</u>, die Gefahr laufen, in grösserem Ausmass durch <u>das Netz</u> der beruflichen Ausbildungsanforderungen zu fallen. Will man dieser Gruppe eine Option auf die berufliche Zukunft geben, ist gerade hier der Aus- und Weiterbildung ein besonderes Augenmerk zu verleihen. Dies soll aber nicht heissen, dass die anderen Berufsgruppen vernachlässigt werden sollen. Wir gehen lediglich davon aus, dass deren Anliegen automatischer einfliessen.

(3) Institutionell ist - entsprechend der Erfahrung - zunächst einmal der <u>Betrieb</u> für die Ausbildung zuständig. Eine intensive <u>Ausbildung</u> kann sowohl für den Betrieb selbst als auch für den Benutzer von höchstem Wert sein.
Der Benutzer fühlt sich vom System weniger überfordert, je besser er ausgebildet ist. Die Benutzer-Interviews zeigen ja nicht zuletzt, dass Stress und psychische Belastung als Folge der noch nicht gewohnten Arbeit mit dem Arbeitsmittel CAD auftritt. Dabei geht es vielfach um mehr als die rein technische Schulung. Das kommt im Satz eines EDV-Leiters recht deutlich zum Ausdruck: "Man muss den Leuten eine neue Einstellung vermitteln und nicht einfach beibringen, welche Knöpfe sie drücken müssen". Gerade die richtige Vorbereitung wird nämlich als eine wichtige Voraussetzung für die Motivation angesehen, die ihrerseits den Einführungserfolg begründet oder eben verhindert (Knetsch/Baaken 1983, S. 109).
Das Interesse des Betriebes gebietet eine vertiefte Ausbildung von zukünftigen Benutzern aber genauso. Insofern stehen sich "Humanisierung" und "Produktivität" nicht als unvereinbare Kontrapunkte gegenüber. Hierzu der VDI (Knetsch/Baaken 1983, S.165): "Gerade im Bereich betrieblicher Qualifikationsziele und Qualifizierungsprozesse kann beiden Verantwortlichen nachgekommen werden, wenn betriebliche Qualifizierung nicht ausschliesslich unter ein kurzfristiges Verwertungsinteresse gestellt wird, sondern Qualifizierung im Zusammenhang mit neuen Technologien quasi als neuer "betrieblicher Produktionsfaktor" strategisch entwickelt und eingesetzt wird, und den Betroffenen die Möglichkeit zu fachlicher und innovatorischer Qualifizierung eingeräumt wird.

In diesem Sinne sollten die Betriebe an der betriebsspezifischen Ausarbeitung von Anforderungsprofilen interessiert sein. Hier bestehen - dies haben unsere Gespräche ergeben - heute bereits Ansätze. In einem Unternehmen werden z.B. neue Berufs- bzw. Ausbildungsgruppen definiert, die u.a. durch Merkmale wie Ausbildung, Erfahrung, Spezialwissen, Sprachkenntnisse, Persönlichkeitsstruktur, bisherige und neue Tätigkeit beschrieben werden.

(4) Die Ausbildungsstätten, soweit sie nicht von Grossunternehmen selbst organisiert sind, haben sich spätestens mittelfristig ebenso anzupassen. Nebst den bereits weiter oben aufgeführten Grundkenntnissen geht es dabei insbesondere um die berufsspezifischen Aufbaukenntnisse. Aufgerufen zu handeln sind nebst den Technischen Hochschulen und den höheren technischen Lehranstalten insbesondere auch die Berufsschulen. Lehr- und Prüfungspläne für Zeichner etwa müssen die neuen Technologien miteinschliessen. Denn ein Loslösen von der technischen und wirtschaftlichen Realität kann den Auszubildenden ihre zukünftige Berufschance nehmen.

Die Handlungsoption "Implementierung"

(1) Der Erfolg einer CAD/CAM-Einführung ist weitgehend davon abhängig, wie die neue Technologie implementiert wird (vgl. auch Bierig 1983).
Absolut vorrangig scheint die Information zu sein. Im allgemeinen ist heute das Informationsniveau über CAD/CAM bei den potentiellen Benutzern noch recht tief. Z.T. ausgenommen sind jene Benutzer (oder potentiellen Benutzer) in den Betrieben, in denen solche Systeme eingeführt oder kurz vor der Einführung stehen. Aber auch hier: Die Bedeutung der Information kann kaum genug betont werden, und zwar auf allen Ebenen (Benutzer, Fachabteilungen, Management, Oeffentlichkeit). Eine konstruktive Mitgestaltung ist nur dann gegeben, wenn auch ein genügendes Wissen vorhanden ist.

(2) Federführend sind bei der Einführung - wie die Gespräche in den Unternehmen zeigen - die EDV-Abteilungen bzw. speziell gebildete "Rationalisierungsteams". Betrof-

fen sind aber letztlich die Fachabteilungen. Grundsätzlich müssen sie die bei ihnen anfallenden Probleme lösen, und sie kennen die Ansprüche an ein neues Arbeitsmittel am besten. Beginnt die Partizipation schon auf der Ebene der Fachabteilung, kann damit gewährleistet werden, dass "man das Werkzeug an die bisherige Arbeitsweise anpasst und nicht umgekehrt" (Sock 1984, S.49) - und dass die Probleme so praxisnah wie nur möglich gelöst werden.

(3) Von einem Teil der Benutzer bzw. von deren Interessenvertretern, den Gewerkschaften, wird aus naheliegenden Gründen eine möglichst frühzeitige und umfassende Mitwirkung gefordert. Es herrscht dabei die Einsicht vor, dass die Einführung der neuen Technologie nicht verhindert werden soll (und auch nicht verhindert werden kann). Dies gilt sowohl für die BRD (vgl.Roth 1983) als auch, nach Aussagen von Gewerkschaftsvertretern, für die Schweiz. Ziel ist es vielmehr, die Einführung so zu beeinflussen, dass bestmögliche Bedingungen erreicht bzw. ausgehandelt werden können.

Instrument dafür ist der Gesamtarbeitsvertrag (GAV) oder spezielle Firmenvereinbarungen. Wo hier allenfalls Schwergewichte liegen könnten, wurde von Rotz (1983) im Zusammenhang mit einer Untersuchung in der BRD aus gewerkschaftlicher Sicht (IG-Metall) formuliert:

- Einflussnahme auf den Planungsprozess

- Einflussnahme auf Arbeitsinhalte und Arbeits - organisation

- Sicherung und Erweiterung der Qualifikationen

- Personelle Massnahmen und Entlohnung

- Menschengerechte Arbeitsgestaltung

- Ausschluss von Kontrollen und Zeitvorgaben.

5. Fallbeispiel 2:
Die Architekturbranche

5.1. Ausgewählte Tätigkeiten

5.1.1. Der Modellbetrieb

(1) Als Ausgangspunkt der Untersuchung wurde auch in der Architekturbranche ein Modellbetrieb gewählt. Um eine möglichst umfassende Darstellung von Auswirkungen der neuen Computertechnologien im Architekturbereich vornehmen zu können, handelt es sich bei unserem Modellbetrieb um einen grösseren <u>Generalplaner</u>, der wie folgt definiert ist:

- Der Generalplaner ist ausschliesslich im Hochbau tätig. Die gebauten Objekte sind in der Regel grössere, relativ komplexe Bauten wie Wohnhäuser, Fabrikanlagen, Krankenhäuser und Schulanlagen.

- Abteilungsmässig besteht eine innerbetriebliche Aufteilung in Entwurfs- und Ausführungsabteilung. In diesen beiden Abteilungen werden die anfallenden planerischen und gestalterischen Aufgaben wahrgenommen. Zur Lösung von speziellen Aufgaben werden in der Ausführungsabteilung Fachingenieure beigezogen.

- Alle anfallenden planerischen Arbeiten, die dem eigentlichen Bauprozess auf der Baustelle vorgelagert sind, werden im Betrieb selber durchgeführt. Geographische Kommunikations- und Uebertragungsprobleme zwischen den verschiedenen Abteilungen existieren nicht.

(2) In der Praxis besteht ein Grossteil der Arbeiten in der Ausführungsabteilung nicht in planerischen, sondern in Koordinations- und <u>Kontrollaufgaben</u>. So müssen die verschiedenen beteiligten Fachkräfte am Bau untereinander koordiniert werden, und am Bau selber wird die eigentliche Bauleitung und Ausführungskontrolle übernommen. Diese Koordinationsaufgaben werden im Rahmen dieses Fallbeispieles nicht berücksichtigt. Der Untersuchungsschwerpunkt liegt ausschliesslich im planerischen und gestalterischen Arbeitsbereich.

5.1.2. Die Abteilungen

5.1.2.1. Die Entwurfsabteilung

(1) Im Ablauf des Architekturplanungsprozesses ist die Entwurfsabteilung die erste Abteilung, die mit der neuen planerischen Aufgabe konfrontiert wird. Die Funktion der Entwurfsabteilung ist dabei gleichzeitig gestalterisch und konzeptionell. Das zukünftige Gebäude wird planerisch unter Berücksichtigung der vorgegebenen Ziele (z.B. Sinn und Zweck des Gebäudes), der Vorstellungen des Bauherrn (z.B. repräsentatives Gebäude), der Kosten (Baukosten, Betriebskosten, Unterhaltskosten etc.), der behördlichen Planungsauflagen (Bauhöhe, Nutzungsziffer usw.) und weiterer Rahmenbedingungen (z.B. Klima) sowie Wertvorstellungen (z.B. Aesthetik) in gestalterischer, technischer, konstruktiver und wirtschaftlicher Hinsicht festgelegt. Dem Aussenstehenden erscheint dementsprechend die Entwurfsabteilung oft als die Abteilung, die "Architektur macht".

(2) Die Aufgabe der Entwurfsabteilung besteht im Erstellen des Entwurfes und des Entwurfbeschriebes. Dazu müssen in der Vorprojektphase die Grundlagen ermittelt und die Probleme analysiert werden, um ein bereinigtes Raumprogramm zu entwerfen. Nach dem Studium der Lösungsmöglichkeiten wird ein Vorprojekt mit einer Grobschätzung der Baukosten erstellt. In der Projektphase wird vom Bauprojekt ausgehend eine genauere Baukostenschätzung durchgeführt. Anschliessend können dann die nötigen Detailstudien gemacht und der Kostenvoranschlag festgelegt werden (vgl. SIA 102, 1984).
Analog zum Vorgehen in der F + E und Konstruktionsabteilung der Maschinenindustrie kann Entwerfen als ein zielgerichteter Iterationsprozess beschrieben werden. Die Ideen und Ueberlegungen des entwerfenden Architekten werden unter Berücksichtigung der Vorgaben, stufenweise zeichnerisch in Pläne und Skizzen umgesetzt. (Vgl. Fig. 5/1).Der Prozess ist kreativ und organisiert zugleich:

- Kreativ ist Entwerfen, weil durch diesen Arbeitsvorgang etwas Neues, Einmaliges und Bleibendes modellartig geschaffen wird. Dementsprechend wird Entwerfen oft auch als künstlerische Tätigkeit, in welcher der

Fig. 5/1

Allgemeine Ablauflogik des Entwerfens

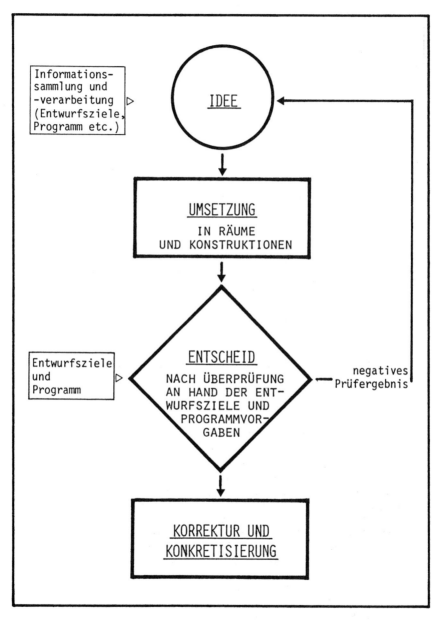

Quelle: Planconsult, 1978

Wunsch nach Selbstverwirklichung und die Identität des Architekten einfliessen, bezeichnet (vgl. Wiesand et al. 1984, S.22ff.).

- Organisiert ist Entwerfen, weil die verschiedensten Planungsauflagen und Rahmenbedingungen die Kreativität und Gestaltungsmöglichkeiten des Architekten stark einschränken. Nur durch ein systematisches, z.B. in der SIA-Honorarordnung 102 weitgehend umschriebenes Vorgehen, ist der Architekt in der Lage, alle Planungsschritte gebührend zu berücksichtigen.

(3) Das <u>Resultat</u> des Entwurfsprozesses wird zeichnerisch, schriftlich und modellartig festgehalten:

- Zeichnerisch werden von den Entwurfszeichnern, aufgrund der Angaben und Skizzen des Entwurfsarchitekten, massstabsgetreue Entwurfspläne erarbeitet (z.B. 1/200). Der Plan ist somit das zeichnerische Abbild des räumlichen Modells.

- Schriftlich wird oft ein Entwurfsbeschrieb erstellt, der protokollartig alle wichtigsten Entscheidungsgrundlagen, Entscheidungen und Argumente enthält, die bei der Ausarbeitung des Entwurfes angefallen sind.

- Teilweise baut man zur Veranschaulichung der Resultate auch dreidimensionale Modelle der zukünftigen Gebäude.

Pläne und Entwurfsbeschrieb dienen zur Einreichung des Baugesuches, zur Information des Bauherren und als Arbeitsvorlage für die nachgelagerte Ausführungsabteilung.

(4) Das <u>Personal</u> der Entwurfsabteilung besteht aus Entwurfsarchitekten und -zeichnern:

- Der konzeptionell und intellektuell tätige Entwurfsarchitekt ist üblicherweise ein erfahrener Hochschulabsolvent, z.B. Dipl.Arch. ETH. Er verfügt über eine mehrjährige Praxis und ein ausgeprägtes räumlich/gestalterisches, doch gleichzeitig auch analytisches Denkvermögen. Während seiner Ausbildung hat er auch manuelle Fähigkeiten erworben, die er selber bei der Anfertigung von Entwurfsplänen und Skizzen anwendet (vgl. dazu ETHZ 1983/1).
Der Entwurfsarchitekt betrachtet sich selber oft als künstlerisch veranlagt und tätig. Architektur ist für ihn ein gestalterischer Prozess, in den Erkenntnisse aus den verschiedensten Fachrichtungen einfliessen.

- Der ausführend und manuell tätige Entwurfszeichner ist in der Regel ein qualifizierter Hochbauzeichner. Während seiner 4-jährigen Lehre hat er es gelernt, die Skizzen des Architekten in Entwurfspläne, z.B. 1/200 oder 1/100, Grundrisse und Schnitte umzusetzen. Er gestaltet dabei die Pläne nach bestimmten Regeln, damit an Hand dieser Pläne ein Baugesuch gestellt werden kann. Dazu muss er genau zeichnen können und über ein gewisses räumliches Vorstellungsvermögen verfügen. Seine gestalterischen Fähigkeiten muss er oft Normen und auch den Anweisungen des Architekten unterordnen (vgl. Bautechnische Zeichnerberufe 1981, S.8).

(5) Die <u>Arbeitstechnik</u> in der Entwurfsabteilung kann als noch weitgehend konventionell bezeichnet werden:

- Der Entwurfsarchitekt fertigt seine Entwurfsskizzen und -pläne von Hand am Schreibtisch oder Reissbrett an. Die Entwurfsskizzen werden dabei generell mit einem Bleistift auf Papier erstellt (vgl. Fig.5/2).

Zur Anfertigung des Entwurfes muss der Entwurfsarchitekt sehr viele externe Informationen verarbeiten (Vorstellungen des Bauherrn, Planungsauflagen, Materialinformationen usw.). Diese Informationen verschafft er sich vor allem durch Gespräche, Besichtigungen und dem Studium von Unterlagen, Katalogen, Fachliteratur und Baugesetzen. Dabei geht der Entwurfsarchitekt oft assoziativ vor.

- Der Entwurfszeichner erstellt die Pläne am Reissbrett. Die Planerstellung erfolgt manuell auf Papier bzw. Transparentpapier unter Benutzung einiger weniger mechanischer Arbeitswerkzeuge (Reissschiene oder Zeichnungsmaschine, Rapidograph, Zirkel, Feder, Beschriftungsvorlage, Lineal usw.). Weitere technische Hilfsmittel sind vor allem Heliographien und Tochterpausen sowie Fotokopien. Wie in allen anderen Abteilungen sind des weiteren auch Taschenrechner vorhanden.
Die in der Entwurfsabteilung erarbeiteten Unterlagen sind weitgehend auf Papier bzw. Transparent- oder Pauspapier festgehalten. Andere Datenträger können z.B. Mikrofilme sein, doch werden sie erst selten eingesetzt.

Fig. 5/2
Beispiel für Entwurfsskizzen

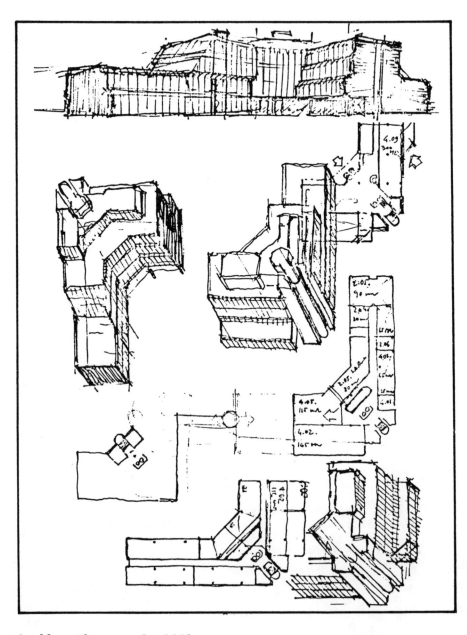

Quelle: Planconsult 1978

(6) Die Tätigkeiten in der Entwurfsabteilung finden generell in einem hellen Raum statt. Entwurfsarchitekt und -zeichner arbeiten dabei oft im Team im selben Zimmer. Diese Anordnung erleichtert vor allem die ständig notwendige Kommunikation zwischen beiden Partnern. In der Abteilung besteht eine fliessende Arbeitsteilung zwischen dem Entwurfsarchitekten und dem -zeichner.
Der hierarchisch übergeordnete Architekt ist für den Entwurf verantwortlich. Typische Tätigkeiten des Entwurfsarchitekten sind: Sammlung der notwendigen Daten, Abschätzen der Realisierungsmöglichkeiten, Studium der Topographie, konzeptionelle Bereinigung des Raumprogrammes mittels der Entwurfsskizzen, Berechnung der Kuben und Flächen mittels Taschenrechner, Schätzung der Baukosten an Hand von Unterlagen, Aufstellen eines Zeitplanes, Verhandlung mit Behörden und den beigezogenen Fachingenieuren, Erstellung des Baubewilligungsgesuches, Wahl der Baumaterialien usw.
Der hierarchisch untergeordnete Entwurfszeichner ist vor allem für die zeichnerische Erstellung der Pläne verantwortlich. Typische Tätigkeiten sind dabei: massstabsgetreues manuelles Zeichnen, Erstellen von Schnitten, Perspektiven und Ansichten, Bauen von Modellen, Zusammenstellen von Unterlagen, Mitarbeit bei der Berechnung von Volumen und Flächen nach SIA-Normen usw.

5.1.2.2. Die Ausführungsabteilung

(1) Die Ausführungsabteilung ist die zweite Abteilung des Architekturbüros, die im Laufe des planerischen Prozesses beigezogen wird. Im Planungsablauf ist sie der Entwurfsabteilung nachgelagert.
Als eigentliche Funktion der Ausführungsabteilung ist das Sicherstellen der baulich/technischen Umsetzbarkeit der Pläne und Vorgaben der Entwurfsabteilung zu bezeichnen. Die Ausführungsplanung beschäftigt sich dementsprechend vor allem mit der Durcharbeitung und Festlegung von Einzelheiten der in der Entwurfsabteilung bestimmten Konstruktionsentscheidungen (vgl. Laage 1978, S.109ff.).

(2) Im Rahmen des Architekturplanungsprozesses übernimmt die Ausführungsabteilung die <u>Aufgabe</u> der Projektleitung und der Detailplanung.[1]
Unter Beizug von externen Fachingenieuren (z.B. Bauingenieuren), Handwerkern und Unternehmen wird das zukünftige Gebäude bis ins letzte Detail festgelegt. Die Projektleitung stellt die Koordination der einzelnen externen Leistungen sicher. In der Detailplanung wird die genaue Planung und Bestimmung aller benötigten konstruktiven, materialmässigen und anderen zum Bauprozess notwendigen Elemente vorgenommen. Projektleitung und Detailplanung sind verantwortlich für die Integration der Nutzungsziele und der technischen und gestalterischen Mittel (vgl. Laage 1978, S.110).
In der Vorbereitungsphase der Ausführung werden die provisorischen Ausführungspläne erarbeitet. Davon ausgehend findet eine Ausschreibung oder Offerteinholung statt. Die Offerten werden untereinander verglichen, um das beste Angebot herauszufinden. Danach wird das Terminprogramm erstellt. In der eigentlichen Ausführungsphase werden die einzelnen Aufträge vergeben und die definitiven Ausführungspläne erstellt. Die künstlerische Leitung überwacht dabei die gestalterische Ausführung des Konzeptes (vgl. SIA 102, 1984).

(3) Für die Durchführung der Aufgaben der Ausführungsplanung sind <u>Unterlagen</u> der Entwurfsabteilung sowie der beigezogenen Fachingenieure und Unternehmen nötig.

Von der Entwurfsabteilung erhält die Ausführungsabteilung insbesondere die Entwurfspläne, die Baubewilligung, die Detailstudien und den Kostenvoranschlag. Im Verlaufe des Planungsprozesses kommen noch die Angaben der Haustechniker, Innenarchitekten und Bauingenieure dazu, sowie die Offerten der einzelnen Zulieferanten, Unternehmer und weiterer beteiligter Personen. Daneben besteht noch eine umfangreiche Dokumentation von früheren Bauten und eine Bibliothek.

(4) Das <u>Resultat</u> der Ausführungsplanung wird ebenso wie in der Entwurfsabteilung zeichnerisch und schriftlich festgehalten:

---

[1] Hier sei nochmals daran erinnert, dass in dieser Untersuchung nur die planerischen und nicht auch die Kontrollaufgaben (Bauüberwachung, Bauleitung) berücksichtigt werden.

Fig. 5/3
Ausschnitt aus einem Ausführungsplan 1/100

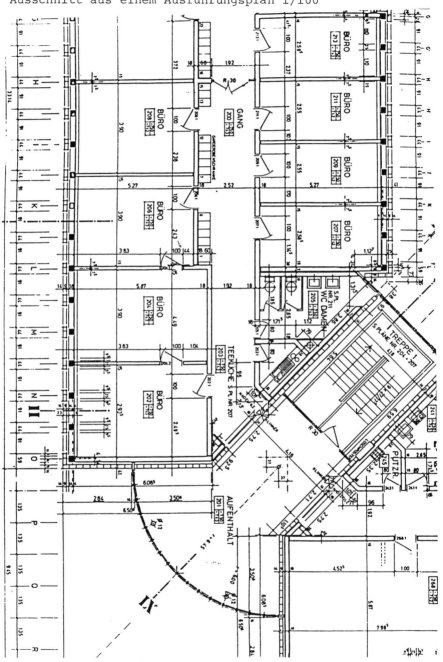

Quelle: Burckardt + Partner

- Zeichnerisch werden Ausführungs- und Detailpläne im Massstab 1/100 bis 1:1 erstellt (vgl. Fig.5/3). Sie müssen nach bestimmten festgelegten Regeln formal und inhaltlich baugerecht gestaltet und vermasst sein, da sie den am Bauprozess beteiligten Personen oder Firmen unmittelbar als Arbeitsvorlage dienen.
- Schriftlich müssen alle Arbeitsvorgänge, Entscheidungsgrundlagen, Materialien, Bauteile und Abmessungen mit Texterläuterungen unmissverständlich festgelegt werden (Laage 1978, S.114).
  Dabei kann es sich um Offerten, Lieferantenverträge, Raumblätter, Netzpläne, Protokolle (Devis, Raumbuch, Baubuch) und im Fall der Bauleitung insbesondere um ein Baujournal und eine Bauabrechnung handeln.

(5) Das Personal der Ausführungsabteilung besteht aus Ausführungsarchitekten und Hochbauzeichnern:

- Der konzeptionelle und koordinierend tätige Ausführungsarchitekt ist in unserem Modellbetrieb ein Architekt HTL. Er verfügt über eine gute Kenntnis des Bauprozesses und der Detailplanung, sowie über Erfahrung und Ueberblick, um die Ausschreibung, Vergabe und Abrechnung (AVA) vornehmen zu können.
  Zu seiner Ausbildung gehören ebenso Bau- und Planungsfächer (z.B. Grundlagen und Kriterien entwickeln für das Entwerfen und Konstruieren, für die Beurteilung von Baustoffen, Bauteilen, Bauprodukten, Fertigteilen, Materialwahl, usw.) wie auch Zeichnen (Perspektive und isometrische Darstellung) und Bauausführung (Kostenpläne, Abrechnungen, Terminpläne) (vgl. Ingenieurschule o.J., S.23ff.). Da die Voraussetzung für ein Studium an der HTL eine bauspezifische Lehre, (z.B. Hochbauzeichner) oder zumindest eine praktische Bautätigkeit ist, kann von der Ausbildung und dem Tätigkeitsfeld her der Architekt HTL als Bindeglied zwischen der Baustelle und dem gestalterisch und ausbildungsmässig höher qualifizierten Entwurfsarchitekten angesehen werden.

- Der Hochbauzeichner ist vorwiegend ausführend und manuell tätig. Er setzt die Angaben des Ausführungsarchitekten aufgrund der Angaben der Entwurfspläne in genaue Detailpläne (1:50 bis 1:1) um.
  Wichtig für seine Berufsausübung sind eine genaue Material- und Baustellenkenntnis und ein eindeutiges sauberes Zeichnen der Pläne. Der Hochbauzeichner wird während einer 4-jährigen Lehre ausgebildet. Zum Lehr-

plan und den Anforderungen gehören vor allem das Beherrschen der Zeichentechnik, Mathematik (Algebra und Geometrie) sowie handwerkliches Geschick und eine gute Kenntnis des Bau- und Planungsprozesses (vgl. Hochbauzeichner, Hochbauzeichnerin, 1971).

(6) Die Arbeitstechnik in der Ausführungsabteilung ist, von einfachen, elektronischen Hilfsmitteln abgesehen, noch konventionell:

- Der Ausführungsarchitekt ist im Büro vorwiegend am Schreibtisch tätig. Hier werden die für die Detailplanung notwendigen Unterlagen erstellt, die Offerten geprüft, die Kosten berechnet und die Terminpläne erarbeitet. Arbeitshilfen sind dabei neben den Unterlagen der Entwurfsabteilung, externe Angaben und die Dokumentation. Gearbeitet wird mit traditionellen Arbeitswerkzeugen, wie Bleistift, Tinte, Radiergummi, Telefon, Büchern, Papierblöcken usw. Elektronische Hilfsmittel sind vorläufig vor allem für die alphanumerische Datenverarbeitung in Form von Taschenrechnern, Schreibmaschinen (Textverarbeitungssysteme) und falls vorhanden, einfacheren Computersystemen im Einsatz. Am Reissbrett selber ist der Ausführungsarchitekt nur teilweise tätig. In der Regel begnügt er sich damit, dem Hochbauzeichner Anweisungen zu geben und die Pläne zu kontrollieren. Neben seiner Büroarbeit ist der Ausführungsarchitekt vor allem im Sinne der Projektleitung auch extern unterwegs. Dabei müssen viele mündliche Verhandlungen geführt und die Ergebnisse protokollartig festgehalten werden.

- Der Hochbauzeichner arbeitet vorwiegend am Reissbrett. Die Detailpläne werden von Hand auf Transparent-Papier gezeichnet. Arbeitshilfen sind dabei die üblichen traditionellen Werkzeuge in einem Architekturbüro (Reissschiene, -brett). Taschenrechner werden gebraucht, um einfache Grundoperationen auszuführen. Dies ist vor allem bei der Vermassung und Nutzflächenermittlung der Fall, sowie beim Vergleich der verschienen Offerten.

(7) Es bestehen unterschiedliche Tätigkeitsschwerpunkte zwischen den Ausführungsarchitekten und den Hochbauzeichnern. Obwohl üblicherweise im Team gearbeitet wird, ist eine Arbeitsteilung feststellbar. Allerdings ist in der Ausführungsabteilung diese Arbeitsteilung weitgehend

fliessend und nicht starr festgelegt. Während der Ausführungsarchitekt HTL oft auch eine Zeichnerlehre absolviert hat und dementsprechend theoretisch die Arbeit des Hochbauzeichners auch ausführen kann, ist das Gegenteil für den Hochbauzeichner nicht der Fall. "Nach oben" wird sein Tätigkeitsspektrum entweder durch mangelnde, ausbildungsbedingte Kenntnisse oder hierarchisch bedingte Verantwortungsunterschiede eingeschränkt. Die im planerischen Arbeitsbereich der Ausführungsabteilung wichtigen Tätigkeitsfelder des Ausführungsarchitekten und Hochbauzeichners sind in Fig. 5/4 dargestellt.

5.1.2.3. Die beigezogenen Fachingenieure

(1) Im Verlaufe des Architekturplanungsprozesses werden externe Fachleute beigezogen. Bei diesen Fachleuten kann es sich um Handwerker (Bau-)Unternehmer und insbesondere um sog. Fachingenieure wie Haustechniker und Bauingenieure handeln.
Im folgenden gehen wir in diesem Bericht, als Beispiel für die beigezogenen Fachingenieure, näher auf die Bauingenieure ein, wobei nur deren Rolle im Hochbau berücksichtigt wird. Wie im Falle der Ausführungsabteilung, stehen die planerischen Tätigkeiten im Mittelpunkt des Interesses, während die Bauüberwachungsaufgaben nicht behandelt werden.

(2) Im Planungsablauf setzt die Arbeit der Bauingenieure bei komplizierten Bauobjekten bereits auf der Ebene des Entwurfes ein. Sie wird dann begleitend zu den Arbeiten in der Ausführungsabteilung weitergeführt.
Anders als bei der Entwurfs- und Ausführungsplanung ist die Funktion der Bauingenieure im Falle des Hochbaus seltener architektonisch/gestalterisch als vorwiegend technisch orientiert. Im Rahmen des Architekturplanungsprozesses erfüllen sie statisch konstruktive Aufgaben. Sie sind gewissermassen für die "Festigkeit" des zukünftigen Gebäudes zuständig.

Fig. 5/4

Tätigkeitsschwerpunkte in der Ausführungsabteilung

Architekt	- Projektleitung und -steuerung
	- Management und Verwaltung
	- Administration und Organisation
	- Koordination der beigezogenen Fachingenieure und Firmen, Handwerker usw.
	- Festlegung der Detailplanung (konstruktiv und gestalterisch)
	- Ausschreibung, Devis
	- Analyse und Vergabe der Offerten
	- Erstellen von Termin- und Netzplänen
	- Aufstellung von Budgets und Kostenüberwachung
	- Ausmass und Abrechnung
	- Erstellen von Leistungsbeschrieben
	- Berechnungen mittels Taschenrechner
	- Fällen von Entscheidungen
	- Zeichnen am Reissbrett
	- Studium von Unterlagen und Literatur
	- Telefonieren
Hochbauzeichner	- einfachere Konstruktionsentscheidungen
	- Berechnung von Nutzflächen und Volumen
	- zeichnerische, manuelle Erstellung der Detailpläne mittels Reissschiene, Schablonen, Rapidograph usw.
	- Darstellung von Ansichten, Schnitten, Perspektiven
	- Aenderung von Plänen (Radieren)
	- Festlegung u.Eintragung von Massen in die Pläne
	- Planablage in Archiv und Registratur
	- Telefonieren

(3) Im Verlaufe des Architekturplanungsprozesses ist es die Aufgabe der Bauingenieure das geplante Bauobjekt hinsichtlich seiner bautechnischen und statischen Anforderungen zu optimieren. Massgebend dafür sind am Beispiel des Betonhochbaus vor allem die Betonmischung und die Dimension und Plazierung des Tragwerkes sowie der Eisenarmierung in den Decken und Wänden. Analog ist bei anderen Bauarten der Bauingenieur z.B. für die Dicke des Mauerwerks, der Holzbalken usw. verantwortlich.
Die statischen Konstruktionsmerkmale des zukünftigen Gebäudes werden an Hand von Berechnungen festgelegt. Diese können vor allem im Fall von komplexen Gebäuden oder Formen sehr aufwendig und kompliziert sein. Statische Konstruktionseigenschaften hängen u.a. von einer Vielzahl von physikalischen Variablen ab, die alle miteinbezogen werden müssen. Diese Berechnungen verlangen vom Bauingeninieur Kreativität und ein hohes Mass an Material- und technisch-wissenschaftlichen Kenntnissen. Wichtig ist daneben ein konstantes gegenseitiges Abstimmen mit der Entwurfs- und Ausführungsabteilung. Nur durch die gegenseitige Koordination und Abstimmung kann sichergestellt werden, dass das Gebäude unter den verschiedenen Gesichtspunkten optimiert werden kann.

(4) Die Bauingenieure erhalten ihre Arbeitsunterlagen sowohl von der Entwurfs- wie von der Ausführungsabteilung. Die Voraussetzung für die Durchführung der Aufgaben sind einerseits die Entwurfspläne und -skizzen und andererseits die Konstruktionspläne der Ausführungsabteilung und andere Entscheidungsgrundlagen (z.B. Klima, Schneelast, Umwelt, Geologie)bzw. gesetzliche Vorschriften.

(5) Das Resultat der Arbeiten der Bauingenieure wird zeichnerisch und schriftlich festgehalten:
- Zeichnerisch werden, ausgehend von den Detailplänen der Ausführungsabteilung, Schalungs- und Positionspläne erstellt. Die Schalungspläne (1/50 bis 1/20) bezeichnen dabei die Art und Position der Schalungen, die benötigt werden, um die tragenden Elemente (Wände, Decken) in Beton ausgiessen zu können. Die Positions- oder Armierungspläne im Massstab 1/50 bis 1/1 für komplizierte Anschlüsse enthalten alle nötigen Angaben über die Position und Dicke der einzelnen in Beton einzugiessenden Eisenverstrebungen (vgl. Fig. 5/5). Neben diesen, vor allem im Falle von Betonbauten wich-

tigen Plänen, werden bei anderen Bauarten die statischen Angaben (z.B. Dicke des Mauerwerks, Position und Dimension der Tragwerkskonstruktion, Lage und Profil von Stahlträgern, Holzbalken usw.) zeichnerisch so festgehalten, dass sie auf der Baustelle eindeutig interpretiert werden.

- Schriftlich werden parallel zu den Positionsplänen sog. Eisen- oder Materiallisten erstellt. Diese enthalten die genauen Mengen, Massen, Qualitäten, Durchmesser usw. der im zukünftigen Bau benötigten Materialien (Armierungseisen, Stahlprofile, Holzbalken usw.).

(6) Das _Personal_ der Bauingenieurbüros besteht aus Bauingenieuren und Stahlbeton- bzw. Tiefbauzeichnern, die auch im Hochbau tätig sind:

- Die konzeptionell und dispositiv tätigen Bauingenieure sind hierarchisch die Vorgesetzten der Tiefbauzeichner. Von der Ausbildung her sind sie meistens Hochschulabsolventen bzw. Dipl. Bau Ing. ETH. Während ihres mathematisch ausgerichteten Studiums haben sie die technisch/ wissenschaftlichen Grundlagen der Bauingenieurtätigkeit gelernt. Dazu gehören u.a. Physik, Mechanik, Vermessung, Baustatik, Bauverfahrenstechnik, Stahlbetonbau (vgl. ETHZ, 1983, 2). Die Bauingenieure sind vorwiegend intellektuell tätig. Wichtig bei der Berufsausübung ist eine analytische und synthetische ingenieurmässige Denkweise, die es erlaubt, gleichzeitig den Ueberblick zu bewahren und mit Hilfe von Arbeitshypothesen oder Abstraktionen gezielt vorzugehen. In der Abteilung ist der Bauingenieur für die Korrektheit der statischen Berechnungen verantwortlich. Neben diesen technisch ausgerichteten Kenntnissen benötigt er speziell zur Lösung komplexer Aufgaben ein gutes räumlich-kreatives Vorstellungsvermögen.

- Der Zeichner (meist Tiefbauzeichner) ist der technisch/ zeichnerische Mitarbeiter des Bauingenieurs (vgl. Bautechnische Zeichenberufe 1981, S.5). Während seiner 4-jährigen Lehre hat er es gelernt, die Schalungs- und Armierungspläne nach bestimmten Regeln exakt zu zeichnen und auch die notwendigen Materiallisten bzw. Eisenlisten zu erstellen. Grundlagen dafür sind neben der Beherrschung der Zeichentechnik auch mathematische Kenntnisse (Algebra, Geometrie) und eine gute Baukenntnis sowie ein räumlich orientiertes Vorstellungsvermögen.

(7) Obwohl die <u>Arbeitstechnik</u> in den Bauingenieurbüros noch vielfach konventionell und manuell orientiert ist, ist hier der Einsatz von elektronischen Hilfsmitteln allgemein weiter fortgeschritten als in den gestalterisch/ planerisch tätigen Entwurfs- und Ausführungsabteilungen. Eine der Hauptursachen für diese Entwicklung besteht in der Art der Daten, die verarbeitet werden müssen. Während die beiden Architekturabteilungen vorwiegend mit graphischen Bezugsdaten arbeiten, arbeiten die Bauingenieure selber eher im alphanumerischen Bereich.

Der Bauingenieur der vor allem konstruktiv tätig ist, übernimmt in der Abteilung vorwiegend rechnerische Aufgaben:

- Einfache Berechnungen für kleinere Objekte wie ein Einfamilienhaus werden üblicherweise mit einem programmierbaren Taschenrechner am Arbeitsplatz selbst durchgeführt. Die früher, bis vor ca. 10 Jahren für diese Aufgabe eingesetzten Rechenschieber werden heute auch in einem konventionell arbeitenden Unternehmen kaum mehr gebraucht.

- Für komplizierte oder sehr aufwendige Berechnungen werden seit Anfang der 70er Jahre vermehrt EDV-Anlagen eingesetzt. Bei diesen Anlagen handelt es sich üblicherweise um konventionelle Rechner ohne Bildschirm (z.B. Tischrechner). Der Zugang zum Rechner ist dabei im Dialog möglich. Teilweise werden auch via "unintelligentem" Terminal und Telefonmodem externe Grossrechenanlagen beigezogen, die die Bauingenieurdaten in Randzeiten (Nacht, Wochenende) im Batchverfahren verarbeiten.
Die Ergebnisse der Computer-Berechnungen werden zahlenmässig auf Listen ausgedruckt. Graphische Verfahren werden in der Regel nicht angewendet. Die Interpretation der Ergebnisse gehört zur Arbeit des Bauingenieurs, der Tiefbauzeichner ist dazu im allgemeinen nicht genügend qualifiziert. Durch die Verwendung von konventionellen Rechenanlagen hat sich zwar die Art der Berechnung verändert, nicht aber der Aufgabenbereich des Bauingenieurs (vgl. Hartig 1983, S.11ff.). Die Bedienung der Rechner unterscheidet sich qualitativ kaum von jener des Taschenrechners. Wichtig ist nur die gesteigerte Rechnerleistung ohne welche manche komplexen Aufgaben der Bauingenieurabteilung gar nicht mehr zu lösen sind (Geschwungene Dächer, komplexe unregelmässige Tragsysteme usw.)

Die graphische Umsetzung der durch den Bauingenieur erarbeiteten Resultate erfolgt manuell durch den Tiefbauzeichner. Dieser fertigt am Reissbrett mit Tusche oder Bleistift die verschiedenen Pläne an. Der Bauingenieur

Fig. 5/5

Grundriss mit Eintragungen des Bauingenieurs

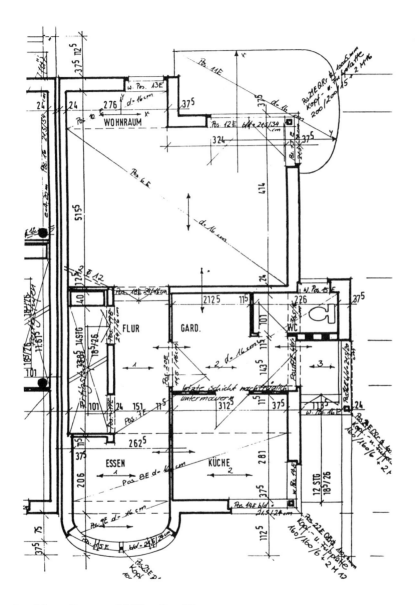

Quelle: Laage 1978, S. 92

gibt an den Tiefbauzeichner die konstruktiven Angaben (Skizzen, Berechnungen) weiter, die dieser benötigt, um die Schalungspläne, die Armierungs- bzw. Positionspläne und die Material- oder Eisenliste zu erstellen. Formal und inhaltlich bleiben dem Tiefbauzeichner nur geringe Einflussmöglichkeiten bei der Planerstellung. Generell müssen die Pläne alle Angaben enthalten, die später an der Baustelle zur Erstellung des jeweiligen Gebäudeteiles nötig sind. So müssen beispielsweise in einem Schalungsplan alle Abmessungen, Masse für Wände, Decken und Träger sowie Querschnitte festgelegt werden, die der Handwerker benötigt, um die Schalungen für die Betonkonstruktionen zu fertigen (vgl. SIA 1980, S.4). Für diese Arbeit ist eine genaue Kenntnis der Zeichentechnik (sauberes, genaues Arbeiten) wichtiger als ein grosses kreatives Vorstellungsvermögen. Wie in den anderen beiden Abteilungen des Architekturbüros ist auch hier der Plan der Informationsträger aus Papier, der später auf der Baustelle verwendet wird. Multipliziert werden diese Pläne vorwiegend maschinell z.B. durch Helioverfahren oder Fotokopien. Finden nachträgliche Veränderungen in den Plänen statt, wie dies beim Bauen üblicherweise der Fall ist, so müssen diese, falls überhaupt möglich, von Hand in die bestehenden Transparentpläne eingezeichnet werden. Sind die Aenderungen aber so umfangreich, dass sie nicht mehr in den bestehenden Plan eingezeichnet werden können, so muss unter grossem zeitlichen Aufwand manuell ein neuer Plan erstellt werden.

(8) Die Arbeit im Bauingenieurbüro findet üblicherweise im Rahmen eines Teams statt, in dem den einzelnen hierarchischen Stufen im Sinne der Arbeitsteilung verschiedene <u>Tätigkeitsschwerpunkte</u> zugeordnet werden können. (Vgl. Fig.5/6). In diesem Team sind die Bauingenieure die hierarchischen Vorgesetzten der Tiefbauzeichner. Während die Bauingenieure vorwiegend rechnerisch/konzeptionell tätig sind, arbeiten die Tiefbauzeichner mehrheitlich manuell/ausführend.

Fig. 5/6

Tätigkeitsschwerpunkte in der Bauingenieurabteilung

Bauingenieur	- Rechnen
	- Schreiben von Listen
	- Zeichnen am Reissbrett mit der Zeichenmaschine (selten)
	- Verhandeln mit Architekten und Unternehmern, Behörden
	- Studium von Unterlagen und Fachliteratur, Normenkatalogen
	- Konzeptionelle Ueberlegungen
	- Telefonieren
Zeichner	- Verhandlungen mit Architekten und Unternehmern
	- Manuelles Zeichnen der Armierungs- und Positionspläne mit Rapidograph und Zeichenmaschine
	- Vervielfältigen der Zeichnungen
	- Korrigieren der Originalpläne
	- Uebernahme von einfacheren statischen Berechnungen
	- Kontrolle von Offerten
	- Schreiben der Material- und Eisenlisten
	- Telefonieren

5.2. Technische Applikationen

5.2.1. Computertechnologien im Architekturbereich

(1) Computertechnologien wurden im Architekturbereich erstmals in den 50er Jahren eingesetzt. Vor allem in den USA wurde u.a. an <u>Hochschulinstituten</u> versucht, EDV für Architekturplanungsprozesse beizuziehen. So sind beispielsweise die Versuche am Massachusets Institute of Technology in Harvard berühmt geworden.

(2) Der Einsatzschwerpunkt der ersten kommerziellen EDV-Anwendungen im Architekturbereich bestand vorwiegend in der Verarbeitung von <u>alphanumerischen Daten</u> (Ziffern, Buchstaben). Graphische Applikationen waren vorerst die Ausnahme.
In der Schweiz fanden die ersten Computeranwendungen im planerischen Baubereich ab 1957 statt. Bezeichnenderweise wurde EDV erstmals ab Mitte der 60er Jahre vorwiegend in Bauingenieurbüros kommerziell eingesetzt (vgl. Dysli 1980). Zum Einsatz kamen vor allem Grossrechneranlagen (z.B. IBM 1130), die von Spezialisten bedient wurden. Diese Systeme waren in der Anwendung kompliziert. Die Dateneingabe erfolgte mittels Lochkarten, die speziell aufbereitet bzw. gelocht werden mussten. Die Datenverarbeitung wurde im Batchverfahren vorgenommen und die Antwortzeiten waren dementsprechend lang. Teilweise musste man, bei komplizierten Berechnungen über einen Tag auf die Antwort warten. Die Resultate der Berechnungen wurden in Listenform oder teilweise mittels einfacher graphischer Darstellungen ausgedruckt. Dementsprechend war ihre Interpretation manchmal schwierig. Da diese Systeme auch relativ teuer waren, wurden sie fast nur in grösseren Ingenieurbüros zur Lösung von komplexen Aufgaben eingesetzt. In dieser Form war der Computer quasi ein "Rechenschieberersatz" (vgl. Baumgarten et al. 1982, S.8).

Neben dieser Art von alphanumerischer Datenverarbeitung wurde EDV ca. ab Mitte der 60er Jahre vereinzelt auch im kaufmännisch/administrativen Bereich eingesetzt. Wie in anderen Branchen waren dabei vor allem das Rechnungswesen im weitesten Sinne (AVA, Kostenkontrolle, Zahlungswesen usw.) und die Terminplanung betroffen (Netzpläne, Liefertermine usw.). Auch diese Applikationen liefen auf

den damaligen Grossrechenanlagen. Oft handelte es sich
aber dabei nicht um interne Anlagen, sondern um externe,
zentrale Rechenzentren, z.B. bei Treuhandfirmen, auf
denen Rechenzeit gemietet werden konnte.

(3) Im Vergleich zur Maschinenindustrie kann bis heute
im Architekturbereich eindeutig von einer geringeren
Verbreitungsdichte von Computertechnologien ausgegangen
werden. Der Einsatz erfolgte, gesamthaft betrachtet, in
den 60er Jahren relativ spät und relativ selten. Erst
ab Mitte der 70er Jahre war eine Beschleunigung des Diffusionsprozesses festzustellen.

Eine der Hauptursachen dafür muss eindeutig in der Entwicklung der <u>Mikroelektronik</u> gesehen werden. Zwar wurden keine neuen Anwendungsmöglichkeiten der Computertechnologie erschlossen. Dank der Mikroelektronik waren
aber die Systeme - speziell die Hardware - billiger,
leistungsfähiger, kleiner und vor allem wurde der Bedienungskomfort erhöht.

(4) Im Architekturbüro und bei den Ingenieuren haben
zunächst die <u>Tischrechner</u> Einzug gehalten, die bekanntlich speziell zur Lösung rechnerischer Aufgaben ausgelegt sind. (Vgl. Mattenberger 1984, S.159ff.). Sie können
meistens an einen Drucker angeschlossen werden, auf dem
auch einfache graphische Darstellungen möglich sind (z.B.
Stiftplotter für die Zeichnung von Balken- oder Runddiagrammen, Umrandungen, usw.). Diese Rechner sind oft in
einer einfacheren Sprache programmierbar (BASIC) und erlauben so ein relativ breites Anwendungsspektrum im Bereich der einfacheren und nicht extrem intensiven Datenverarbeitung.

(5) <u>Personal-Computer</u>, eine weiter entwickelte Anwendungsform der Tischrechner, sind im Prinzip kleine Universalrechner, die polyvalent einsetzbar sind. Sie gehören zur Kategorie der Einzelplatzsysteme.

Die Hardware besteht aus einem Bildschirm, einer Eingabetastatur, peripheren Massenspeichern mit Disketten oder
Festplattenlaufwerken sowie einem Drucker und einer Zentraleinheit mit einer Datenbreite von 8-16 Bit, die entsprechend einen Speicherbereich von 64 Kilobyte bis ca.
3 Megabyte direkt verwalten kann.

Die Software der Personal-Computer besteht aus dem Betriebssystem, das das Zusammenspiel der Hardwarekomponenten und der einzelnen Benutzerprogramme steuert. Häufig eingesetzte Betriebssysteme sind CP/M, MS/DOS und UNIX. Daneben existieren Systemhilfs- und Anwenderprogramme. Diese werden zur Lösung von speziellen Problemen benötigt.
Hard- und Software bestimmen zusammen weitgehend das Anwendungsspektrum der Personal-Computer im Architekturbereich. Zum heutigen Zeitpunkt werden Personal-Computer kommerziell vor allem im kaufmännisch/administrativen Bereich eingesetzt (vgl. dazu die SIA Dokumentation 65, 1983 und Wiegand 1983b). Einige Beispiele für die Personal-Computer Anwendungsmöglichkeiten sind in Fig. 5/7 dargestellt.

(6) Erwähnt seien schliesslich sog. Mehrplatzsysteme; hierbei handelt es sich um Systeme, an denen gleichzeitig mehrere Personen arbeiten können. Hardwaremässig sind sie auf leistungsfähigeren Computern als die Einzelplatzsysteme aufgebaut. Grob kann zwischen zwei Geräteklassen unterschieden werden (vgl. Mattenberger 1984 und Hüppi 1983):

- Minicomputer oder Kompaktrechner der 32-Bit-Klasse, an denen mehrere Arbeitsstationen bzw. sog. intelligente Terminals angeschlossen sind.

- (Externe) Grosscomputersysteme, die eigentliche Rechenzentren darstellen und bei denen Rechenzeit gemietet werden kann. Der Zugang zum Rechenzentrum kann über ein im Büro installiertes Terminal und ein Telefonmodem erfolgen. Die Daten werden vielfach im Batch-Verfahren, z.T. aber auch im Dialog verarbeitet. Benutzt werden diese Systeme vor allem in den Bauingenieurbüros für mathematisch bezogene Applikationen (vgl. Engeli 1978).

Sowohl Kompaktrechner wie Grossrechner können ausser im alphanumerischen Bereich auch im graphisch orientierten Anwendungsbereich, als CAD-Systeme, eingesetzt werden. Auf diese Anwendungsart wird im nächsten Abschnitt näher eingegangen.

Fig. 5/7

Haupteinsatzbereiche von Personal-Computern im Architekturbereich (ohne CAD)

Bauadministration: - Kostenberechnung - Ausschreibung - Angebote - Bestellung - Ausmass - Rechnungen - Zahlungen - Kontrollen - Abrechnung - Termine - Liquidität	Teilweise angewendete Programme
Interne Administration: - Finanzbuchhaltung - Lohn- und Gehaltwesen - Aufwand-Nachkalkulation - Textverarbeitung - Adressverwaltung	Häufig angewendete Programme
Bautechnik: - Wärme - Feuchtigkeit - Schall - Licht, Beleuchtung - Haustechnik	selten angewendete Programme

Quelle: SIA (1983)

5.2.2. CAD-Systeme für die Architekturbranche

(1) Der englische Ausdruck <u>Computer-Aided-Design</u> oder CAD kann auf Deutsch mehr oder weniger als rechnerunterstütztes Entwerfen übersetzt werden. Demnach sind CAD-Systeme Computersysteme, auf denen graphisch orientierte Applikationen im Sinne des rechnerunterstützten Entwerfens möglich sind.
Die Systeme, die für das Architekturbüro von Bedeutung sind (oder sein können), sind jenen der Maschinenindustrie sehr ähnlich. Im folgenden wird deshalb nicht in extenso auf deren Funktion und Ausgestaltung eingegangen (vgl. hierzu Kap. 4.2.), sondern lediglich versucht, die spezifisch architekturrelevanten Aspekte hervorzuheben.

(2) Trotzdem sei kurz auf die Spezifikationen eines <u>realtypischen Systems</u> eingegangen. Dies ist notwendig, weil gerade im Architekturbereich der Begriff CAD sehr unterschiedlich und teilweise verwirrend ausgelegt wird (Pawelski 1984, S.12). Unter der Bezeichnung CAD-System werden sowohl zeichnungsorientierte als auch entwurfsorientierte Computersysteme verstanden:

- Zeichnungsorientierte Systeme arbeiten vorwiegend im zweidimensionalen Bereich und sind vor allem im Sinne des Computer-Aided-Draftings zur Erstellung von Zeichnungen einsetzbar. Drafting dient dabei als Umschreibung all jener Tätigkeiten, welche das Erstellen, Aendern und automatische Produzieren von Plänen mit Hilfe eines Computers erfassen (Hüppi 1983, S.255). Neben der Erzeugung der Architekturgraphik ist zusätzlich auch die Verknüpfung von Zeichnungserstellung und von allen die Bauwerkgeometrie betreffenden rechnerischen Aufgaben, sowie die Speichermöglichkeit aller erzielten graphischen und nicht-graphischen Informationen mit dieser Art von Systemen möglich (Pawelski 1984, S.13). Diese Einsatzart stellt heute in der Praxis die Mehrzahl der beobachtbaren CAD-Anwendungen dar.

- Modellorientierte Systeme können im drei-dimensionalen Arbeitsbereich im Sinne des eigentlichen Computer-Aided-Designs eingesetzt werden (vgl. Walder 1984, Hüppi 1983). Ausser für all jene Anwendungen, die mit zeichnungsorientierten Systemen ausgeführt werden können, sind modellorientierte Systeme auch für entwurfsbezogene Aufgaben verwendbar. Wichtig ist dabei vor allem die Möglichkeit, Gestalten und Rechnen beim Entwickeln eines rechnerinternen Modelles des zukünftigen Bauobjekts zu verknüpfen. Dadurch wird die modellhafte Simulation einer erst noch herzustellenden Realität, nämlich des zukünftigen Gebäudes, ermöglicht (vgl. Pawelski 1984, S.13 und Merten 1979).

(3) Ein schlüsselfertiges CAD-System kostet heute in der Grössenordnung zwischen Fr. 250 000.- bis ca. Fr.500 000.-. In diesem **Preis** ist die Hardware (1-2 Arbeitsstationen, Zentralrechner, Peripherie) enthalten sowie ein Softwarepaket, das für die Anwendung im Architekturbereich ausgelegt ist. Zusätzlich zum Einstandspreis können noch beträchtliche Kosten in Form von Einführungs-, Schulungs-, Wartungs- und Betriebskosten anfallen, die den eigentlichen Systempreis übersteigen können.

5.2.2.1. Hardware

(1) Die **Hardware** des CAD-Systems kann vereinfacht als die Gesamtheit der physisch-sichtbaren Komponenten des Systems bezeichnet werden.
Im Falle eines realtypischen CAD-Systems im Architekturbereich entspricht sie im wesentlichen der Hardwarekonfiguration wie sie in Kap. 4.2.2.1. beschrieben wurde. Insbesondere gilt dies für den Basisrechner und für die peripheren Geräte (Speicher und Plotter).

(2) Eine Besonderheit ist bei der **Arbeitsstation** herauszustreichen. Im Gegensatz zur Maschinenindustrie wird teilweise nebst dem relativ kleinen (Menue)-Tablett zusätzlich ein grösserer Digitalisiertisch eingesetzt. Dieser Digitalisiertisch erlaubt dann direkt Pläne in der Grösse A0, wie sie im Architekturbereich häufig vorkommen, zu verarbeiten. (Vgl. Fig. 5/8).
Ein weiterer Unterschied besteht oft im fehlenden speziellen alphanumerischen Bildschirm. Sowohl alphanumerische als auch graphische Informationen werden auf den selben graphik-fähigen Bildschirm projiziert.

Fig. 5/8

Digitalisiertisch

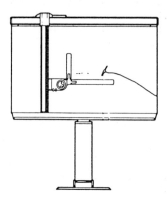

Quelle: Pawelski 1984, S.15

5.2.2.2. Software

(1) Auch was die Software betrifft, gibt es leichte Modifikationen. Anders als in der Maschinenindustrie werden im Architekturbereich generell nicht komplexe räumliche Formen wie Karosserien, Flugzeugrümpfe etc. gezeichnet, modelliert und bearbeitet. Die Hauptarbeit besteht vielmehr in einem "Zusammensetzen" von verschiedenen Informationen und vergleichsweise einfachen, ebenen Bauteilen (vgl. Haas 1984).

(2) Daraus ergeben sich Anforderungen, die sich in der einen oder anderen Form auch in der Maschinenindustrie finden, in der Architektur aber besonders wichtig erscheinen. Hierzu gehören etwa:

- die Möglichkeit mit einer sog. Folien-, Layer- oder Ebenentechnik arbeiten zu können. Wie beim Uebereinanderlegen transparenter Folien müssen sich die Zeichnungen der verschiedenen, am Planungsprozess beteiligten Personen (z.B. Fachingenieure) je nach Sachverhalt aufgeschlüsselt am CAD-System in verschiedenen logischen Ebenen darstellen bzw. übereinanderlegen lassen (vgl. Haas 1983, S.181).

- Die dabei entstehenden Pläne müssen redundanzfrei sein. Irgendeine Veränderung in irgendeiner Zeichnung muss automatisch in allen anderen betreffenden Zeichnungen berücksichtigt bzw. korrigiert werden.

- Die Zeichnungen müssen in verschiedenen Massstäben erstellt werden können und zumindest halbautomatisch vermassbar sein. Der CAD-Anwender gibt dabei lediglich die Elemente an, die vermasst werden sollen. Die Masszahlen werden dann vom CAD-System automatisch ermittelt und eingetragen (vgl. Haas 1983, S.183).

- Desgleichen müssen verschiedene Beschriftungsmöglichkeiten bzw. Schrifttypen bestehen, um die Präsentation und Aussagekraft der Zeichnung zu verbessern (vgl. Haas 1983, S.183).

- Die Fenster- oder Windowtechnik muss das einfache Verändern (Vergrössern oder Verkleinern) von Bauteilen um einen bestimmten vorgegebenen Betrag erlauben (vgl. Pawelski 1984, S.37). Die Teile bzw. Ausschnitte können dann separat betrachtet werden.

- Der graphische Editor muss die Möglichkeit bieten bestimmte abgespeicherte und parametrisierte Planelemente bzw. Bauteile (Makros) am Bildschirm räumlich zu verschieben, drehen, spiegeln usw. (vgl. Pawelski 1984, S.37).

- Verdeckte Kanten sollten bei räumlichen Darstellungen ausgeblendet werden können. Diese Aufgabe ist sehr rechnerintensiv, trägt aber wesentlich zum besseren Verständnis der Zeichnung bei.

- Schliesslich müssen die Teile einer Körperoberfläche getrennt ermittelbar sein, damit die notwendigen Flächen und Massenzusammenstellungen einfach erarbeitet werden können.

(3) Und eine Besonderheit gilt es besonders zu erwähnen: Gegenüber den Anforderungen der Maschinenindustrie haben im Architekturbereich <u>technisch orientierte Anwenderprogramme</u> (z.B. Soft Simulation, Kollisionsprüfungen, Finite Elemente) weniger Bedeutung - eine Ausnahme sind lediglich die Bauingenieuraufgaben. Der Architekturbereich beschäftigt sich im Gegensatz zum Maschinenbau weniger mit der Bewegungsmöglichkeit der einzelnen Bauteile (z.B. Bewegungsabläufe bei einem Verbrennungsmotor), als vielmehr mit dem Zusammensetzen von Bauteilen zu einem immobilen Gebäude.

5.2.3. Entwicklungstrends

(1) Die technisch-ökonomischen Entwicklungstrends im Bereich der CAD-Systeme dürften gerade auch für die Anwendung in der Architektur weitere, wenn auch nicht grundlegend neue <u>Impulse</u> bringen. In der Folge seien deshalb die wichtigsten Tendenzen zusammengefasst.

(2) Die Entwicklungen auf der <u>Systemebene</u> lassen sich durch mehrere Faktoren charakterisieren:

- Eigentliche CAD-Systeme sind heute noch relativ teuer. Von verschiedenen Herstellern wird deshalb versucht, CAD-Anwendungen auf einer niedrigeren Rechnerstufe, d.h. auf Personal-Computern, zu implementieren. Da diese wesentlich billiger sind als Kompaktrechner, wird CAD für einen breiteren Anwenderkreis interessant und erschwinglich. Allerdings müssen bis zur kommerziellen Anwendungsmöglichkeit sowohl noch Hardwareprobleme (z.B. 32 Bit Personal-Computer) als auch Softwareprobleme gelöst werden.

- Dank der Entwicklung der Uebertragungsmöglichkeiten und der genaueren Definition von Schnittstellen werden CAD-Systeme branchenübergreifend an geographisch verschiedenen Orten im Dialog einsetzbar. Dadurch wird im Architekturbereich die Fachkoordination via CAD ermöglicht.

- Die Interfaces für die Fertigung werden besser definiert. Auch im Architekturbereich wird CIM bzw. CAD/CAM vermehrt einsetzbar (z.B. Fertigbauteilherstellung).

- Die Systeme werden untereinander kompatibel. Auf einem System erzeugte und gespeicherte Datenmengen können, infolge der gleichzeitig verbesserten Uebertragungsmöglichkeiten (Glasfasertechnologie), auch von einem anderen, lokal entfernten System "verstanden" werden.

- Expertsystems bzw. Systeme mit einer "künstlichen Intelligenz" werden entwickelt. Diese Systeme sind nicht nur anwendbar um die Arbeit zu unterstützen (= rechnerunterstütztes Entwerfen), sondern können selber Entscheidungen treffen bzw. analytisch "denken" und handeln.

(3) Wie das ganze System, so wird auch die Hardware, als Teil des Gesamtsystems, billiger und leistungsfähiger:

- Der Trend zu lokal hoher Rechnerleistung hält an. Intelligente Terminals gehören zur üblichen Arbeitsplatzausrüstung.
- Die zentralen Datenbanken werden ausgebaut. Es bestehen branchenspezifische Produktdatenbanken, die teilweise direkt von den Produktherstellern mit Makros "gefüttert" werden.
- CAD-Systeme werden je nach Bedarf aus verschiedenen herstellerunabhängigen Komponenten im Baukastensystem zusammengesetzt.
- Neben den Baukastensystemen bestehen weiterhin sehr spezialisierte, leistungsfähige, schlüsselfertige Systeme.
- Die Ergonomie der Bildschirme wird verbessert. Bildschirme werden grösser und flimmerfrei.

(4) Auf der Softwareebene ist eine Verbreiterung des Angebotes zu erwarten. Zum heutigen Zeitpunkt bestehen hier bekanntlich die grössten Hindernisse und Probleme beim CAD-Einsatz. Es ist anzunehmen, dass (vgl. Walder 1984, S.13)

- die Software umfangreicher wird - die Portabilität und Kompatibilität wird erhöht und für viele Arbeitsbereiche werden Standardprogramme entwickelt;
- dreidimensionales Arbeiten in Farbe und Volumenmodellen möglich werden; schon vor dem Bauprozess kann am Bildschirm durch das Gebäude "spaziert" werden;
- dank verbesserter Schnittstellen, Insellösungen durch den integralen Planungsablauf ersetzt werden;
- die Dialogfähigkeit bzw. die Mensch-Maschine Kommunikation vereinfacht und verbessert wird.

5.2.4. Spezifische CAD-Anwendungen

(1) <u>Erstanwendungen</u> von CAD lassen sich bis ins Jahr 1963 zurückverfolgen. Als "Geburt" von CAD werden nachträglich allgemein die Versuche von Ross und Sutherland mit dem Sketchpadsystem am MIT in Harvard angesehen (vgl. Baumgarten et al., S.146).
Diese ersten Versuche konnten noch nicht als kommerzielle Anwendungen von CAD bezeichnet werden. Sie hatten vielmehr einen experimentellen Charakter und wurden vorerst in Hochschulinstituten oder Forschungsanstalten von Grossfirmen weitergeführt. Insbesondere war dies in den USA bei Unternehmen aus dem Flugzeugbau und der Rüstungsindustrie der Fall (z.B. Boeing, Lockheed), in denen komplexe räumliche Formen zu modellieren waren (vgl. Kramel 1983).

(2) Ausgehend von den Versuchen der Hochschulinstitute (vgl. Barnett 1965) fanden die ersten <u>kommerziellen</u> CAD-Anwendungen im Architekturbereich in den USA gegen Mitte der 60er Jahre statt (vgl. Auger 1972). Zum damaligen Zeitpunkt wurden die CAD-Anwendungen, wie in den anderen Branchen, auf sog. Grossrechneranlagen durchgeführt. Da diese Rechneranlagen sowohl teuer als auch kompliziert zu handhaben waren, sind CAD-Anwendungen bis gegen Mitte der 70er Jahre im Architekturbereich relativ selten geblieben.

(3) Heute sind nun in verschiedenen Betrieben <u>CAD-Applikationen</u> anzutreffen, allerdings meist in Form von Insellösungen. In der Bundesrepublik gibt es indes auch schon einige wenige weiter fortgeschrittene Lösungen.
In der Folge sollen einige architekturspezifische Applikationen und Anwendungsmöglichkeiten in den einzelnen Abteilungen beschrieben werden.

5.2.4.1. Anwendung in der Entwurfsabteilung

(1) Im Verlauf des Planungsprozesses werden in der Entwurfsabteilung komplexe gestalterische und räumliche Probleme gelöst. CAD im Sinne des eigentlichen Entwerfens kann dabei eine grosse Arbeitsunterstützung darstellen. In der Praxis muss aber davon ausgegangen werden, dass hier CAD erst beschränkt eingesetzt wird. Massgebend dafür scheint u.a. die Tatsache zu sein, dass diese Art der Applikation (Design) am komplexesten ist und dass dementsprechend versucht wird, erste Erfahrungen bei einer einfacheren Anwendungsform, dem Drafting, zu sammeln (vgl. Hüppi 1983).

(2) In der Literatur beschrieben und in der Praxis beobachtbar sind folgende CAD-Anwendungen auf der Stufe der Entwurfsabteilung:

- Perspektivische Darstellung von Gebäuden unter verschiedenen Winkeln und Standorten (Engeli 1978, Hüppi 1983).
- Automatischer Uebergang vom Grundriss auf 3-Dimensionale Volumenmodelle (Walder 1983).
- Grobkostenschätzung der einzelnen Elemente während des Entwerfens.
- Erstellung von optimierten Layout- und Raumprogrammen. Zielerfüllungs- und Variantenanalysen.
- Unterstützung beim Erstellen des Entwurfsbeschriebes.

(3) Experimentelle CAD-Anwendungen (z.B. an der ETH Zürich, Institut für Geschichte und Theorie der Architektur) zeigen ein breites Spektrum von Anwendungsmöglichkeiten für die Entwurfsabteilung. Dabei geht es einerseits um eine Ausweitung der bisherigen Arbeitsmöglichkeiten, andererseits um die Visualisierung und Darstellung von bisher nicht darstellbaren Komponenten von Gebäuden. Genannt seien hier (vgl. Hoesli et al. 1982):

- beliebige volumetrische Modelle eines Gebäudes
- beliebige Schnitte durch alle Teile des Gebäudes

- farbliche Darstellung der verschiedenen Elemente eines bestehenden Gebäudes
- beliebige Perspektiven eines Gebäudes aufgrund von digitalisierten Luftaufnahmen.

Systemtechnisch sind diese Anwendungen nur durch den Einsatz von sehr leistungsfähigen, modellorientierten Systemen möglich. Allgemein werden jedoch so leistungsfähige Systeme im Architekturbereich sehr selten eingesetzt.

5.2.4.2. Anwendung in der Ausführungsabteilung

(1) In der vorab organisatorisch und zeichnerisch tätigen Ausführungsabteilung wird CAD bisher am häufigsten eingesetzt. Der Einsatz erfolgt vorwiegend zeichnungsorientiert im Sinne des <u>Computer-Aided-Draftings</u>.

Hierzu sind die automatische Zeichnungserstellung am Plotter und die Speicherkapazität zwei der wichtigsten Systemeigenschaften. Gearbeitet wird bei dieser Anwendungsart vor allem im zweidimensionalen Bereich.

(2) In der <u>Praxis</u> sind im einzelnen u.a. folgende CAD-Anwendungen beobachtbar (u.a. Wiegand 1983a, Muggli 1984, Fischer 1981):

- automatische Planerstellung am Plotter
- automatische Bemassung und Beschriftung von Plänen
- automatisches Schraffieren von Plänen
- Berechnungen von Mengen, Massen und Volumen
- laufende Korrekturen an den Originalplänen
- Varianten Kostenschätzungen auf Grund von abgespeicherten Erfahrungswerten und Angaben
- Vernetzung des AVA-Bereiches (Ausschreibung, Vergabe, Abrechnung)
- Koordination der Pläne der beigezogenen Fachingenieure (Haustechniker und Bauingenieure) dank der Layertechnik (Fachkoordination)
- Weitergabe der erarbeiteten Daten an die nachgelager-NC-Maschinen in der Fertigung (CAD/CAM Integration bei Fertigbauteilhersteller).

5.2.4.3. Anwendung bei den beigezogenen Fachingenieuren

(1) Dem vorwiegend technisch/planerischen Charakter der Bauingenieurbüros entsprechend wird CAD hier sowohl für mathematische, als auch graphisch orientierte Aufgaben beigezogen. Der CAD-Einsatz findet somit im <u>rechnerisch/zeichnerischen</u> Bereich statt. Dabei können im rechnerischen Bereich heute generell alle Aufgaben, die früher von Hand auf Rechenschiebern und Logarithmentafel bearbeitet werden mussten, mit CAD bearbeitet werden. Im zeichnerischen Bereich wird CAD vorläufig wie in der Ausführungsabteilung vor allem zur Zeichnungserstellung im Sinne des Drafting eingesetzt.

(2) In der <u>Praxis</u> sind u.a. folgende Einsatzschwerpunkte beobachtbar (vgl. Hartig 1983, Anderheggen 1979):

- Berechnung komplexer Hochbautragsysteme dank der Methode der Finite Elemente, die es erlaubt, das statische und dynamische Verhalten von Tragwerken durch den Beizug von mathematischen Modellen zu analysieren. Das CAD-System berechnet dabei die Lagekoordinaten von Knotenpunkten und die Lage, Anzahl und Durchmesser der einzelnen Tragwerkselemente, unter vorher eingegebenen Randbedingungen in Form von Belastungen, Kräften, Temperaturen und weiteren physikalischen Daten

- Berechnung komplizierter Dachkonstruktionen (z.B. Hängende Dächer)

- Berechnung erdbebensicherer Bauwerke (Varianten und Simulation)

- Erstellung der Armierungs- und Schalungspläne am Plotter

- Laufende Korrekturen der Pläne am Bildschirm

- (Halb)automatische Bemassung der Pläne mit gleichzeitiger Erstellung der Eisenlisten.

5.3. Auswirkungsbeschrieb

5.3.2. Arbeitsinhalt

5.3.2.1. Verlagerung der Tätigkeiten

(1) Wird im Architekturbereich ein CAD-System eingesetzt, so tritt dadurch für die CAD-Benutzer systembedingt eine neue <u>Arbeitssituation</u> ein:

- Erstens stellt CAD ein neues Arbeitsmittel dar, das mit neuen Arbeitswerkzeugen ausgestattet ist (Hardware). Anstatt am Reissbrett mit dem Bleistift und der Reissschiene, wird bei CAD die Arbeit am Bildschirm mit der Eingabetastatur, dem Positioniergerät und dem Menuetablett durchgeführt. Die konventionellen Arbeitswerkzeuge sind durch neue elektronische Arbeitswerkzeuge ersetzt worden, deren Bedienung allgemein komplexer und indirekter ist.

- Zweitens ist ein CAD-System nicht nur eine mechanische Maschine (Hardware), sondern es verfügt auch über eine programmierbare Logik (Software). Diese Logik zwingt den CAD-Benutzer gewisse Regeln einzuhalten, wenn er am System arbeiten will. Dadurch wird seine Vorgehensweise bei der Bearbeitung einer Aufgabe beeinflusst.

- Drittens ist ein CAD-System auch ein neues, technologisch hochkompliziertes Arbeitsmedium. Durch die Möglichkeit im Dialog am System zu arbeiten, ist der CAD-Benutzer, im Gegensatz zur konventionellen Arbeitstechnik, nicht mehr nur Akteur, er muss auch reagieren. Zwischen ihm und dem System findet eine Interaktion statt.

(2) Aus diesen Gründen verändert sich auch die <u>Arbeitsweise</u> des CAD-Benutzers. Als Beispiel für diese <u>Veränderung</u> sei im folgenden eine Gegenüberstellung der konventionellen und der CAD-Arbeitsweise beim Erstellen eines Planes herangezogen (vgl. Fig.5/9). Während bei der konventionellen Arbeitsweise ohne CAD zur Erstellung eines Planes oftmals die Arbeitswerkzeuge gewechseltwerden müssen, ist dies mit CAD nicht der Fall. Alle an-

Fig. 5/9

Gegenüberstellung der Arbeitsweisen bei der Planerstellung im Architekturbereich

1. Konventionelle Arbeitsweise ohne CAD (Zeichnen)	- Wahl der Papiergrösse - Aufspannen des Papierblattes auf das Reissbrett und Festlegen des Massstabes - Aufteilen des Blattes - Uebertragung der Grundzüge der Entwurfsskizze mittels Zeichendreieck und Reissschiene auf das Planpapier. Dazu muss laufend gerechnet und gemessen werden. - Vorzeichnen des Planes mit Bleistift - Reinzeichnung des Planes mit Tusche - Vermassung des Planes, Berechnung der Masse von Hand - Beschriftung mittels Schablonen - Laufende Korrekturarbeiten im Dialog mit dem Entwurfsarchitekten
2. Interaktive Arbeitsweise mit CAD (graphische Datenverarbeitung)	- Eingabe der Entwurfsskizze in Koordinatenform in das CAD-System. Die Eingabe erfolgt mittels der alphanumerischen Eingabetastatur und dem Positioniergerät. Während die rechte Hand das Positioniergerät führt (z.B. über das Menütablett), bedient die linke Hand die Eingabetastatur. - Die eingegebenen Daten, z.B. die Endpunkte der Linien, werden auf dem Bildschirm zu geometrischen Figuren verbunden (z.B. gerade Linie). Dadurch entsteht eine zusammenhängende Zeichnung (Plan) am Bildschirm. Die Eingabe der einzelnen Daten kann dabei ohne Festlegung auf einen bestimmten Massstab geschehen. - Die eigentliche zeichnerische Erstellung der Pläne erfolgt nach allen Korrekturen automatisch auf dem Plotter.

fallenden Tätigkeiten können am CAD-System selber mit
den dafür vorgesehenen Arbeitswerkzeugen ausgeführt
werden.

(3) Wie aus diesem Beispiel ersichtlich ist, findet
beim Einsatz von CAD generell eine Verschiebung von den
manuell-orientierten Tätigkeitsschwerpunkten hin zu den
intellektuell-orientierten statt. Die neuen Arbeitswerkzeuge müssen anders gehandhabt werden als die konventionellen. Die programmierte Systemlogik zwingt den
CAD-Benutzer seine bisherige Vorgehensweise an das
neue System anzupassen. Bei diesem Prozess können, verglichen mit der konventionellen Arbeitsweise, Tätigkeiten sowohl an Bedeutung gewinnen als auch verlieren.
Einige Beispiele für diese Tätigkeiten sind in Fig.5/10
angegeben. Daneben bestehen auch weiterhin eine Anzahl
Tätigkeiten, die durch den CAD-Einsatz nicht verändert
werden: Telefonieren, Studium von Fachliteratur, Studium der Topographie, Verhandlung mit Behörden, Management und die gesamten Ueberwachungsfunktionen auf der
Baustelle usw.

(4) Analysiert man die Verschiebungen der Tätigkeitsschwerpunkte in Fig. 5/10 auf einer formalen Ebene, so
sind generell folgende Feststellungen möglich:

- An Bedeutung verlieren vorwiegend Tätigkeiten mit einem alphanumerischen und/oder graphischen Bezugs-
  punkt. Hierbei handelt es sich aber vor allem um Tätigkeiten, die im Zusammenhang mit der Verarbeitung/
  Zeichnung von Geometrien stehen. Andere graphisch
  orientierte Tätigkeiten, wie z.B. Freihandzeichnen,
  werden davon, wenn überhaupt, weniger betroffen.

- An Bedeutung gewinnen tendenziell organisatorisch/
  dispositive Tätigkeiten. Hierarchisch betrachtet sind
  diese Tätigkeiten vorwiegend auf der Stufe der Architekten angesiedelt.

Tätigkeiten mit einem alphanumerisch/graphischen Bezugs-
punkt und solche mit einem organisatorisch/dispositiven
unterscheiden sich vor allem durch ihre verschiedene
Formalisierbarkeit. Während heute die ersteren z.T. bereits formalisiert werden können, ist dies bei den or-
ganisatorisch/dispositiven Tätigkeiten nicht im selben
Ausmass der Fall. Vom Systemstandpunkt aus betrachtet,
ist die Unterscheidung einer Tätigkeit nach ihrer For-
malisierungsmöglichkeit sehr wichtig, weil formalisierbare Tätigkeiten in eine computergerechte Information

Fig. 5/10

Verschiebungen der Tätigkeitsschwerpunkte durch CAD-Einsatz

An Bedeutung verlieren	- manuelle Planerstellung, Zeichnen
	- Erstellen von Schnitten, Perspektiven Ansichten
	- Aenderung der Pläne
	- Bemassung der Pläne
	- Beschriftung der Pläne
	- Vervielfältigung der Pläne
	- Rechnen mittels Taschenrechner
	- Schreiben von Listen und Text
	- Planablage
	- Plansuche
	- Suche von Unterlagen
	- Blättern von Katalogen
	- Abrufen von Normen
	- Kontrolle von Offerten
	- Vergleich von Offerten
	- Lösung von Zuordnung und Optimierungsproblemen
	- Sammlung von Daten
	- Erstellen von Zeitplänen
An Bedeutung gewinnen	- Dateneingabe und Manipulation
	- konzeptionelle Ueberlegungen
	- Fachkoordination
	- Beraten
	- Organisieren
	- Planen
	- Systematisieren
	- Entscheiden
	- Erstellen von Varianten
	- Standardisieren
	- Wartung
	- Programmierung
	- NC Programmierung
	- Erstellen von Makros
	- Ausbildungshilfe am CAD

umgesetzt werden können. Sofern diese Information von der Maschine "verstanden" wird, kann das CAD-System dementsprechend diese Tätigkeit ausführen bzw. sogar übernehmen. Mathematisch spricht man in diesem Zusammenhang von einem Algorithmus. Dieser ist definiert als "eine strukturierte Menge von Operatoren zur Umformung von Eingangsdaten, bei denen nach Ausführung eines jeden Schrittes eindeutig feststeht, welcher Operator beim nächsten Schritt anzuwenden oder ob das Verfahren abzubrechen ist" (Müller in Kühn 1979, S.30).

(5) Bezogen auf den Arbeitsablauf bewirkt die Tatsache, dass ein CAD-System nur algorithmisierbare Tätigkeiten übernehmen kann, eine Veränderung der Arbeitsprozesse. Nicht formalisierbare Tätigkeiten werden weiterhin konventionell ausgeführt, während algorithmisierbare tendenziell am CAD-System bearbeitet oder sogar von ihm übernommen werden können. Dadurch wird sowohl eine Segmentierung der bisherigen Arbeitsabläufe als auch eine neue Form von Arbeitsteilung ausgelöst:

- Die Segmentierung der Arbeitsabläufe tritt ein, weil mit dem Einsatz von CAD eine Aufteilung des Arbeitsablaufes in konventionelle Phasen und CAD-Phasen vorgenommen wird. Anstatt dass, wie dies im Architekturbereich vor allem auf Architektenebene häufig der Fall ist, derselbe Mitarbeiter eine ganze Aufgabe selbständig betreuen kann, muss er nun einen Teil davon an den Spezialisten abtreten. In der Literatur ist dieser Prozess als "Taylorisierung geistiger Arbeit" bekannt geworden (vgl. Cooley 1982, S.50). Mit diesem Ausdruck soll dargestellt werden, dass sich, analog zu der im letzten Jahrhundert eingetretenen Entwicklung in der industriellen Produktionsweise, nun wegen CAD die Segmentierung der Arbeitsprozesse auch auf die "Kopfarbeits-" bzw. Denkprozesse erstreckt.

- Eine neue Form von Arbeitsteilung tritt ein, weil erstmals mit dem Einsatz von CAD in den planerischen Abteilungen des Architekturbereiches eine Maschine eingesetzt wird, die in diesem Ausmass Tätigkeiten, die bisher von Menschen ausgeführt worden sind, übernehmen kann. Die Arbeit muss nun nicht mehr allein mit dem Kollegen, sondern auch mit dem CAD-System geteilt werden. In der Literatur ist diese Entwicklung als "Mechanisierung geistiger Arbeit" beschrieben worden (vgl. Bechmann et al. 1979).

Dass CAD eine Segmentierung der Arbeitsprozesse mit sich
bringt, war den meisten CAD-Benutzern zwar bewusst, doch
störte sie dies im Gegensatz zu ihren weiterhin konventionell arbeitenden Kollegen nicht besonders. Vorläufig
betrachteten sie die Arbeit am CAD als Spezialisierung,
die ihnen neue Arbeitsmöglichkeiten erschliesst.

(6) Eine Veränderung der Tätigkeitsbreite der CAD-Benutzer im Sinne des Job-Enlargements konnte trotzdem
in den besuchten Unternehmen vereinzelt beobachtet werden. Vorläufig bestand auf Zeichnerstufe die CAD-Tätig-
keit in einem Mix zwischen neuen Aufgaben, solchen die
sie bisher schon konventionell bearbeitet hatten und
neuen Tätigkeiten, z.b. Erstellen von Makros, die vor
allem in der Anfangsphase des CAD-Einsatzes häufiger
vorkommen. Job-Enlargement, sofern es feststellbar war,
dürfte aber kaum durch die dauernde Uebernahme von neu-
en, höherqualifizierten Tätigkeiten begleitet sein.

Vergleicht man die Beobachtung im Architekturbereich mit
Ergebnissen aus anderen Branchen (vgl. Maschinenindustrie und Untersuchungen dazu, z.B. Hoss et al. 1983),
so ist diese Art von Job-Enlargement auf einen, in der
Einführungsphase auftretenden Spezialisierungsvorteil
von CAD-Benutzern zurückzuführen. Mit fortschreitender
Einsatzdauer besteht die Möglichkeit des Abbröckelns
dieser Art von Job-Enlargement.
Eine Tätigkeitserweiterung auf der Stufe der höher qualifizierten Architekten, z.B. Entwurfsarchitekten,
konnte im Rahmen dieser Untersuchung nicht festgestellt
werden. Vorderhand arbeiten diese, im Gegensatz zu den
Konstrukteuren in der Maschinenindustrie, erst sehr selten am CAD-System.

(7) Job-Enrichement im Sinne einer Veränderung der ver-
tikalen Dimension des Tätigkeitsspielraumes konnte im
Architekturbereich nicht im grossen Ausmass beobachtet
werden. Weder wurden von den CAD-Benutzern mehr Pla-
nungs- oder Kontrollfunktionen übernommen, noch eigentliche innerbetriebliche Beförderungen derselben angetroffen. Allenfalls ergaben sich dort subjektiv empfun-
dene Veränderungen, wo die CAD-Benutzer als "Spezialisten" an einem vorgelagerten Entscheidungsprozess auf
höheren hierarchischen Stufen mitbeteiligt waren, oder
die technologische Dimension von CAD interessant war.
Allerdings hatte sich in keinem einzigen Fall die Kompe-
tenzstufe der CAD-Benutzer verändert: Weder nahm deren
Kompetenz- noch deren Verantwortungsbereich spürbar zu.

5.3.2.2. Veränderte Denkweisen

(1) Wie in den anderen Branchen, so wurde auch im Architekturbereich von allen CAD-Benutzern übereinstimmend ein Ansteigen des <u>Abstraktionsgrades</u> bei der Arbeit mit einem CAD-System festgestellt. Verantwortlich dafür sind im wesentlichen zwei Neuerungen, die durch den CAD-Einsatz bedingt sind:

- Einerseits ist zwischen den Menschen und das Produkt "Plan" eine Maschine getreten (Hardware)
- Andererseits muss der Mensch bei der Arbeit mit CAD die Anforderungen der Maschine mitberücksichtigen (Software). Dadurch wird sowohl die Art wie auch die Reihenfolge der bisher üblichen Denkprozesse teilweise erheblich tangiert.

(2) Auf der Ebene der Denkprozesse stellten alle von uns befragten CAD-Benutzer im Architekturbereich übereinstimmend eine veränderte <u>Denkweise</u> bei der Arbeit mit CAD fest. Plakativ kann diese Veränderung als ein Uebergang vom assoziativen und intuitiven Denken ohne CAD zu einem zwangsweise analytisch ausgerichteten Denkverhalten mit CAD beschrieben werden (vgl. Wiegand 1983a). Wird ein Architekturplanungsprozess mit CAD durchgeführt, so wird zwar vom Resultat Plan her betrachtet ein ähnliches Ziel wie früher verfolgt, aber von der Denkweise her anders vorgegangen. Im Mittelpunkt steht nicht mehr im selben Ausmass das assoziative und teilweise zufällige bzw. spielerische Finden von Lösungen, sondern das gezielte rechnerunterstützte analytische Suchen derselben. Das zukünftige Bauobjekt wird zu einem rechnerinternen Modell, das durch die eingegebene Datenmenge definiert ist. Insofern existiert es einerseits nicht mehr nur "im Kopf" des Architekten und andererseits wird dadurch auch der Denkprozess bzw. die Ueberlegungen, die zu seiner Konzeption geführt haben, transparenter bzw. nachvollziehbar.
Der Uebergang von der assoziativen zur analytischen Denkweise wird von allen Befragten mehr oder weniger als störend empfunden. Besonders empfindlich reagierten darauf vor allem die Architekten, während die Bauingenieure in dieser Hinsicht weniger sensibilisiert waren.

(3) Verbunden war damit in vielen Fällen, besonders bei Architekten, die Angst vor Kreativitätsverlust. Einer der Benutzer beschrieb diese Angst als das Gefühl "die Kiste" könne einem etwas wegnehmen oder einen bei der kreativen Arbeit "blockieren". Ob dieses Gefühl tatsächlich berechtigt ist oder nicht, kann hier nicht endgültig beantwortet werden. In der Tat ist das Kreativitätsempfinden äusserst subjektiv und normativ (vgl. Hellmuth 1976). Insofern entzieht es sich einer klaren objektiven Bewertung. Nichts desto trotz muss diese Angst ernst genommen werden. Wenn auch empirisch nicht nachprüfbar, so bleibt dennoch die Tatsache bestehen, dass allein schon die Angst vor dem Kreativitätsverlust die Kreativität beeinträchtigen kann! Dies ist vor allem bei Architekten wichtig.

Bei Zeichnern war diese Angst weniger gravierend; es werden ja auch bei konventioneller Arbeitsweise an sie geringere Kreativitätsanforderungen gestellt.

(4) Die Ursache für die Veränderung der Denkweise ist einerseits die Formalisierung der Arbeits- und Planungsabläufe und andererseits die oft entscheidungsbaumartige Struktur der Software, die auffallenderweise in den wenigsten Fällen von Architekten, dafür aber mehrheitlich von Bauingenieuren mitentwickelt wurde. Software, die eine assoziative, das visuelle Erinnerungsvermögen ansprechende Arbeitsweise erlaubt, konnte im Rahmen der im Architekturbereich durchgeführten Interviews nicht beobachtet werden.

(5) Ausgehend von der assoziativen Denk- und Arbeitsweise kann jeder Versuch einer stärkeren Formalisierung als Einengung des persönlichen Handlungs- und Gestaltungsspielraumes verstanden werden. "Der Architekt reagiert besonders sensibel auf den Gedanken, dass seine Tätigkeit in einem unzumutbar hohen Masse von einer Maschine beeinflusst oder kontrolliert werden könnte" (Winke 1984). Eine der möglichen Folgen dieser Einstellung ist in den latenten Akzeptanzproblemen zu sehen, die laut übereinstimmenden Herstelleraussagen im Architekturbereich gegenüber CAD bestehen.

5.3.2.3. Zunahme der Leistungsanforderungen

(1) Uebereinstimmend spürten alle interviewten CAD-Anwender, unabhängig von der Hard- und Softwarekonfiguration, bei der Arbeit am CAD-System eine Verdichtung der Arbeitsleistung.
Als einer der Hauptgründe dafür wurde die via CAD-System erzielbare Produktivitätssteigerung angegeben. Diese kann im zeichnerischen Bereich, sowohl was den Output pro Zeiteinheit als auch den Output pro Arbeitsplatz anbelangt, festgestellt werden.
Besonders auffallend ist die Produktivitätssteigerung dann, wenn nur die sehr gut formalisierbaren Aufgaben und Bauobjekte am CAD-System ausgeführt werden. Speziell geeignet sind dafür Bauobjekte mit vielen Wiederholungen bzw. repetitiven Planelementen, z.B. identische Krankenzimmer in verschiedenen Etagen eines Krankenhauses.

(2) Darüber hinaus muss auch eine Leistungsverdichtung erwähnt werden, die auf Grund einer Arbeitsintensitätssteigerung entsteht.
Bei der Arbeit am CAD-System finden - wie im Abschnitt 5.3.2.1 beschrieben - Verschiebungen der Tätigkeitsschwerpunkte statt. Diese betreffen u.a. auch Tätigkeiten, die bisher gewissermassen als eine Art Arbeitspause verstanden wurden (z.B. Radieren, Fotokopieren, Suchen von Unterlagen usw.). Mit CAD entfallen nun diese Tätigkeiten teilweise ganz, oder zumindest kann ihre Häufigkeit sehr abnehmen, wodurch sich der Arbeitsrhytmus erhöht und die Arbeitsleistung verdichtet.

(3) Des weiteren kann eine Leistungsverdichtung auf Grund einer Konzentrationserhöhung bei der Bildschirmarbeit entstehen. Dies ist u.a. eine Folge aus der Kombination von Verantwortungsgefühl und zeitlichem Arbeitsdruck.
Einerseits steigt am CAD anscheinend subjektiv die Angst, Fehler zu machen, die sich in einer grösseren Beanspruchung der Zentraleinheit und dementsprechend in einer grossen Projektbudgetbelastung niederschlagen. Andererseits sind hohe Arbeitsgeschwindigkeiten nur bei hoher

Konzentration möglich. Die Arbeitsgeschwindigkeit kann dabei unter Umständen vom CAD-Anwender selber nicht bestimmt werden. Sie ist oft durch die Software vorgegeben und wird durch die Dauer der Zeitvorgaben regulierbar. Im Extremfall ist es dabei vorstellbar, dass die am CAD-Bildschirm erzeugten Bilder nur während einer sehr kurzen Zeit erhalten bleiben, sofern nicht eine bestimmte Manipulation oder Operation durchgeführt wird.

(4) Eng zusammenhängend mit der Leistungsverdichtung ist die <u>intellektuelle Belastung</u>. Bei der Arbeit mit CAD müssen Entscheidungen früher und wegen des gesteigerten Arbeitstempos in viel kleineren Zeitabständen gefällt werden als dies bei einer konventionellen Arbeitsweise der Fall ist. Besonders in der Anfangs- und Lernphase scheinen CAD-Benutzer Gefahr zu laufen, den Ueberblick über den Stand der Arbeit zu verlieren. Neben der Tatsache, dass alle wesentlichen Handlungsabläufe im Sinne der Manipulation stets "im Kopf" präsent sein müssen, ist auch eine visuelle Umstellung vom Reissbrett auf den Bildschirm notwendig. Das verschiedene Format von Reissbrett und Bildschirm erschwert es am Bildschirm denselben Ueberblick wie am Reissbrett zu erhalten. Allgemein konnte überdies beobachtet werden, dass das Kurzzeitgedächtnis stark beansprucht wird, während das Langzeitgedächtnis tendenziell eher vernachlässigt bzw. dem Systemspeicher überlassen wird.
Inwiefern sich bei zunehmender Einsatzdauer und Arbeitserfahrung die intellektuelle Belastung verändert, ist noch ungewiss. So ist beispielsweise eine partielle und spezifische Abnahme vorstellbar, weil durch das regelmässige Arbeiten am CAD Manipulationsschwierigkeiten entfallen. Andere Ursachen wie z.B. die ständige geistige Präsenz bzw. die hohe Konzentration am CAD sind indes systemimmanent und daher kaum abbaubar (ähnlich Angermaier et al. 1983, S.42).

(5) Was die vom Hersteller stets erwähnte Abnahme der Belastung bei der CAD-Arbeit durch die Uebernahme von <u>Routinetätigkeiten</u> abelangt, so waren die befragten CAD-Benutzer geteilter Meinung. Zwar sind in jedem einzelnen Unternehmen, mit der Einführung von CAD, gegenüber der konventionellen Arbeitsweise gewisse Routinetätigkeiten entfallen (z.B. Radieren, Addieren etc.), doch hat dies nicht unbedingt zu einer abnehmenden Belastung geführt.

Einerseits wurden gewisse Routinetätigkeiten durchaus nicht nur als lästig bzw. langweilig empfunden. Andererseits entstehen mit CAD neue Routinetätigkeiten. Gegenüber den bisherigen Routinetätigkeiten können sie aber durchwegs als generell anspruchsvoller betrachtet werden. Einige neue, wegen CAD entstehende Routinetätigkeiten sind in Fig. 5/12 aufgeführt.

Fig. 5/12
Verschiebung der Routinetätigkeiten

Konventionelle Arbeitstechnik	Mit CAD
- Reinzeichnen in Tusche	- Bemassung und Schraffur
- Radieren	- Dateneingabe
- Kopieren von Elementen aus anderen Zeichnungen	- Abspeicherung auf Zentralspeicher
- Zeichnen in verschiedenen Massstäben	- Plotterbedienung
- Fotokopieren	- Ausblendung von verdeckten Kanten (bei älteren Systemen)

5.3.3. Arbeitsbedingungen

5.3.3.1. Unterschiedliche Stresszunahme

(1) Stress kann als belastend empfundener Zustand des Organismus beschrieben werden, der das Resultat einer spezifischen Wechselwirkung zwischen Person und Umwelt darstellt (vgl. Cooper 1981, S.285).

Die Ausgangslage der folgenden Darstellung beruht im wesentlichen auf drei übereinstimmenden Aussagen unserer Interviewpartner:
- Unabhängig von der Tätigkeit mit oder ohne CAD-System waren sie zeitweise in gewissen Situationen gestresst.

- Mit der Arbeit an CAD-Systemen hat die Zahl der Stresssituationen zugenommen.
- Die Stresszunahme am CAD erfolgt selektiv. In einer differenzierten Betrachtungsweise können unterschiedliche Stresssituationen beschrieben werden.

Im folgenden konzentrieren wir uns vor allem auf das Phänomen der <u>selektiven Stresszunahme</u>. Dabei wird zwischen fünf verschiedenen Stresssituationen unterschieden.

(2) Der <u>systembedingte Stress</u> wurde von jeder befragten Person empfunden. Er kann vor allem in folgenden Situationen auftreten:

- Falsche Ergebnisse oder Antworten nach einer bestimmten Manipulation. Ursache dafür können Systemmängel bzw. Pannen sein, die für den Benutzer nicht ersichtlich sind. Diese Art von Stresssituation kann bei der Arbeit im Dialogverfahren unmittelbar empfunden werden. Beispiel: Der CAD-Benutzer drückt auf ein bestimmtes Kommando und am Bildschirm wird der entsprechende Befehl nicht nachvollzogen.

- Lange Antwortzeiten bei der Arbeit im Dialog unterbrechen immer wieder die Konzentration des CAD-Benutzers. Diese kurzfristigen, aber immer wieder auftretenden Unterbrüche des Arbeitsablaufes wurden von ca. zwei Dritteln unserer Interviewpartner als Stress und nicht als Erholung empfunden. Lange Antwortzeiten können systembedingt vor allem dann auftreten, wenn entweder die Leistungsfähigkeit des Systems bei sehr rechnerintensiven Operationen überfordert wird, oder wenn mehrere Personen gleichzeitig an mehreren Arbeitsstationen arbeiten. In einem solchen Fall muss der Benutzer manchmal warten, bis ihm die gewünschte Rechnerleistung zur Verfügung steht.

- Komplizierte Anwendungen mit teilweise mangelhafter Software rufen bei den CAD-Benutzern allgemein dann Stresszustände hervor, wenn deswegen bestimmte Operationen überhaupt nicht, oder nur sehr schwierig durchführbar sind. In einem solchen Fall weiss man z.B. sehr genau, welches Resultat man erzielen möchte, aber man weiss nicht, welchen Lösungsweg man einschlagen muss oder kann.

(3) Eine zweite anzutreffende Stresssituation bei der Arbeit mit CAD kann als schulungsbedingter Stress bezeichnet werden. Er tritt vor allem dann auf, wenn die Schulungsdauer am CAD-System gegenüber der verlangten Aufgabe zu gering war. Dies ist meistens in den Anfangsphasen der Arbeit am System der Fall, kann aber auch dann auftreten, wenn zwischendurch längere Arbeitszeiträume ohne Arbeit am CAD-System liegen.

(4) Stresszustände entstehen bei einer Minderheit unserer Gesprächspartner auch wegen des systembedingten Verlustes an üblichen Orientierungsmöglichkeiten bei der Arbeit am CAD-System. Diese Art von Stress kann man als Orientierungsstress bezeichnen. Hauptsächlich wegen der Kleinheit des Bildschirms besteht nicht mehr die Möglichkeit, durch einen einfachen Blickwechsel andere wichtige Zusammenhänge (z.B. Planelemente) schnell zu erkennen. Am Reissbrett mit einem AO-Plan ist dies hingegen problemlos der Fall. Die von Herstellerseite gegen diese Art von Stress vorgesehene Arbeitshilfen wie Zooming, Hardcopy oder Ausdrucken von AO-Zwischenplänen, zeigten sich in der Praxis als unbefriedigend. Sei es wegen technischer Mängel (Hardcopy), oder weil AO-Pläne auf dem Plotter relativ teuer sind und dem Projektbudget belastet werden.

(5) Stress kann auch dann entstehen, wenn bei dem Benutzer das Gefühl auftritt, unproduktiv zu arbeiten: sog. verantwortungsbezogener Stress. Alle befragten CAD-Benutzer waren sich darüber im klaren mit einem teuren System zu arbeiten. Die Systemkosten waren ihnen allgemein bekannt. Der Systemkostenfaktor bleibt beim Arbeiten am CAD-System offenbar bewusst. Mit diesem Bewusstsein steigt auch die Angst, Manipulationsfehler zu machen und dadurch ev. etwas am System zu zerstören.

(6) Und schliesslich konnte bei der Arbeit mit CAD im Architekturbüro Zeit- und Budgetstress festgestellt werden. Diese Art von Stress ist zwar nicht unmittelbar systembezogen, wird aber durch die Interaktion mit anderen Faktoren (Leistungsverdichtung, Systemkosten, Arbeitsrythmus, Belastung, Kontrolle) verstärkt. Mit der steigenden hierarchischen Verantwortung scheint diese Art von Stress zuzunehmen, wobei Architekten dafür allgemein mehr sensibilisiert waren als Zeichner.

5.3.3.2. Ausdehnung der potentiellen Arbeitszeit

(1) Der Einsatz von CAD kann sich grundsätzlich auf die Gestaltung der Arbeitszeit der Benutzer auswirken. In allen besuchten Firmen sind diesbezüglich zeitweise Veränderungen eingetreten.

(2) Am häufigsten vertreten war dabei die Variante der Ausdehnung der potentiellen Arbeitszeit der CAD-Benutzer auf bisher arbeitsfreie Randstunden. Darunter ist insbesondere eine Vorverlegung des Arbeitsanfanges, auf z.B. 05'00, oder eine Verlegung des Feierabends, auf z.B. 22'00, zu verstehen. Unabhängig von Ausbildung, Abteilung oder hierarchischen Stellung sind alle CAD-Benutzer zeitweise mit diesem Phänomen konfrontiert worden. Als Ursache dafür wurden vorwiegend drei Gründe angegeben:

- Weil das System teuer ist, steigt die Tendenz, es möglichst gut auszulasten. Dies kann u.a. durch eine zeitliche Ausdehnung der Systembetriebsbereitschaft geschehen.

- CAD-Terminals stellen oft noch einen Engpass dar. In allen besuchten Betrieben waren mehr ausgebildete CAD-Benutzer als CAD-Arbeitsstationen vorhanden. Die daraus resultierende Engpasssituation wird teilweise entschärft, wenn die Systembetriebsbereitschaft zeitlich ausgedehnt wird, was dann aber von den CAD-Benutzern ebenfalls eine zeitliche Verlegung von Arbeitsbeginn oder Arbeitsschluss verlangt.

- Schliesslich ist es für gewisse Operationen, z.B. komplexe Berechnungen, vorteilhaft, wenn einem einzigen Benutzer die ganze Rechnerleistung zur Verfügung steht. Diese Arbeiten werden deshalb oft in Randstunden oder der Nacht ausgeführt.

(3) Bei der Gestaltung der persönlichen Arbeitszeit sind unterschiedliche Steuerungsmechanismen der Firmenleitung angetroffen worden. Teilweise war es den CAD-Benutzern vollkommen freigestellt, dann am CAD zu arbeiten, wenn sie danach ein Bedürfnis hatten und ein Terminal zur Verfügung stand. In den anderen Fällen versuchte man die CAD-Benutzer mehr oder weniger offen-

sichtlich dazu zu bewegen, die Randstunden besser auszunutzen. Einerseits geschah dies durch die zeitliche Einteilung am CAD-Terminalarbeitsplan zu den Randstunden. Andererseits waren auch teilweise die dem Projektbudget angelasteten Rechnerkosten in den Randstunden geringer als mitten am Tag, wodurch die Tendenz stieg, im Falle von Budgetproblemen, auf die Randstunden auszuweichen.

(4) Eigentliche <u>Schichtarbeit</u> ist in keinem besuchten Betrieb angetroffen worden. Allerdings wurde sie angeblich früher in einem Fall versuchsweise eingeführt.

Generell distanzierten sich zum Zeitpunkt der Untersuchung alle befragten CAD-Experten und Benutzer von der Schichtarbeit und zwar aus folgenden Gründen:

- In unternehmenspolitischer Hinsicht rechnen Architekturbüros offenbar mit vehementen Widerständen der Angestellten gegenüber der Schichtarbeit. Wiederholt wurde die These vertreten, die Arbeitszufriedenheit der Angestellten sei das "Kapital" der Firma. Schichtarbeit wirke aber demotivierend und sei ausserdem mit der künstlerischen Berufsauffassung im Architekturbüro unvereinbar.

- Technisch kann ein CAD-Arbeitsplatz nicht isoliert betrieben werden. Neben dem CAD-Benutzer sind oft noch weitere Personen notwendig, um das einwandfreie Arbeiten des Systems zu ermöglichen (z.B. Wartungspersonal bei Panne, Sekretariat etc.). Das Bereitstellen dieses Personals sei aber so teuer, dass dadurch die wirtschaftlichen Vorteile des CAD-Schichtbetriebes wieder verloren gingen (Hohe Stand-by Kosten).

- Schliesslich wurden auch noch arbeitsrechtliche Probleme angesprochen, da Schichtarbeit z.T. für Frauen nicht zugelassen ist.

(5) Ob die im Zusammenhang mit dem CAD-Einsatz feststellbaren Auswirkungen auf die Arbeitszeitgestaltung der CAD-Benutzer ein dauerhaftes oder vorübergehendes Phänomen darstellen, kann auf Grund des kurzen Beobachtungszeitraumes nicht endgültig beantwortet werden. Für die Hypothese einer <u>Uebergangsphase</u> spricht, nach Ansicht der Hersteller und CAD-Experten, sowohl der zu erwartende Preiszerfall von CAD-Systemen wie deren gesteigerte Rechnerleistung. Dieser Annahme entsprechend sollte früher oder später ein frei benutzbares CAD-Terminal mit hoher lokaler Rechnerleistung an jedem Arbeitsplatz stehen.

5.3.3.3. Gezieltere Sozialkontakte

(1) Wie in Abschnitt 5.1. beschrieben, findet die Arbeit im Architekturbereich üblicherweise im Team statt. Der Planungsprozess und die Planerstellung ist mit einem regelmässigen Austausch von Informationen verbunden. Dementsprechend sind, bei der konventionellen Arbeitstechnik, die persönlichen sozialen Kontakte relativ häufig und wichtig.
Nach übereinstimmender Auskunft der CAD-Benutzer ist mit der Aufnahme der CAD-Arbeit eine Veränderung dieser sozialen Kontakte eingetreten. Auslöser dieser Veränderung war das CAD-System in zweifacher Hinsicht:

- Einerseits wird durch die Arbeit am Terminal das Arbeitsumfeld verändert. Man arbeitet nicht mehr eng mit Arbeitskollegen zusammen sondern allein vor dem Bildschirm.

- Andererseits scheint auch das Kommunikationsbedürfnis der CAD-Benutzer teilweise zu sinken. Viele Informationen, die früher vom Arbeitskollegen stammten, beschafft sich der CAD-Benützer jetzt aus dem System bzw. aus dem Speicher (z.B. Normen, Unterlagen, Layout-Vorschläge, Varianten usw.). Die Kommunikation zwischen Mensch und Mensch ist z.T. durch eine Kommunikation zwischen Mensch und Maschine ersetzt worden.

Abstrahiert man von dieser letzten Maschinen-Ebene und betrachtet man nur die Art und Häufigkeit der personellen Kontakte im Architekturbereich, so sind dabei zwei gegenläufige Bewegungen, die vor allem von der Einsatzdauer der Systeme abhängen, zu erkennen.

(2) Wird in einer Abteilung CAD parallel zur konventionellen Arbeitsweise eingesetzt, dann ist in der frühen Einführungsphase generell eine Zunahme der Häufigkeit der Sozialkontakte der CAD-Benutzer feststellbar:

- Abteilungsübergreifend ist eine Zunahme des Interesses festzustellen (Neugierde).

- Auf hierarchisch verschiedenen Stufen findet dann vor allem eine Zunahme der Sozialkontakte statt, wenn z.B. der hierarchisch untergeordnete Zeichner am CAD arbeitet, aber der Architekt noch nicht (Informationsbedürfnis wegen Wissensvorsprung des CAD-Zeichners).

- Ausbildungsbezogen ist eine Zunahme der Gespräche unter CAD-Benutzern festzustellen (Erfahrungsaustausch, Insiderwissen mit einer speziellen Fachsprache).

(3) Nachdem die CAD-Einführungsphase abgelaufen ist, findet anscheinend eine neuerliche Veränderung der Sozialkontakte statt. Die Mehrzahl unserer Interviewpartner stellte ab diesem Zeitpunkt eine <u>Abnahme</u> der Häufigkeit der Sozialkontakte gegenüber der Situation mit einer konventionellen Arbeitstechnik fest.
Die Ursachen für diese Abnahme scheinen einerseits in einer abnehmenden Neugierde der weiterhin konventionell arbeitenden Kollegen zu liegen. Andererseits kann aber auch der CAD-Benutzer, wegen der Arbeit am CAD, aus der früheren Arbeitsgruppe ausgeschlossen werden, da untereinander weniger Absprachen nötig sind.

(4) Gleichzeitig mit der abnehmenden Häufigkeit der Sozialkontakte verändert sich auch deren <u>Qualität</u>. Die übrig gebliebenen Sozialkontakte werden nicht mehr allgemein, sondern gezielt wahrgenommen. Sie reduzieren sich, z.B. im Falle der CAD-Zeichner, im wesentlichen oft nur noch auf die inhaltlich wichtigen Fachgespräche mit dem Architekten. Plaudern mit Kollegen wird als Störung der Arbeit empfunden, es lenkt ab. Arbeitet man nicht voll konzentriert, besteht manchmal die (begründete) Angst, nicht wieder "ins Programm hineinzukommen".

(5) Per Saldo werden die Sozialkontakte der CAD-Benutzer, gegenüber jenen ihrer weiterhin konventionell arbeitenden Kollegen, reduziert und gezielter.

Wird die Häufigkeit der Sozialkontakte der CAD-Benutzer drastisch reduziert, sei es weil die Terminals allein in einem separaten Raum stehen, sei es weil der CAD-Benutzer autonom langandauernde Routinetätigkeiten, die keine Rücksprache erfordern, ausführt, so kann die Möglichkeit einer <u>sozialen Isolierung</u> des CAD-Benutzers nicht ausgeschlossen werden. Wegen dieser sozialen Isolierung können z.B., wie uns ein CAD-Benutzer mitteilte, viele informelle, betriebsinterne Informationen verlorengehen.

Fig. 5/13

Veränderung der Sozialkontakte

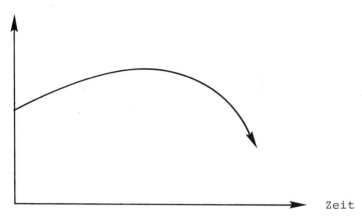

5.3.3.4. Vereinfachte Kontrollmöglichkeiten

(1) Wird eine Aufgabe mit CAD bearbeitet, so tritt eine <u>Veränderung der Kontrollmöglichkeiten</u> der Arbeitsleistung des Mitarbeiters ein. Prinzipiell ist es möglich, jede einzelne Manipulation am CAD-System automatisch zu registrieren und einem einzelnen Projekt bzw. CAD-Benutzer zuzuordnen. In der Tat mussten in den besuchten Unternehmen die CAD-Benutzer beim täglichen Arbeitsanfang am CAD-System jedesmal ihre persönliche Mitarbeiternummer bzw. die Codenummer des jeweils bearbeiteten Projekts eingeben. Insbesondere ist diese Codeeingabe eine Voraussetzung, wenn die die Rechnerzeit oder das Plotten von Plänen dem Projektbudget direkt belastet werden soll. Durch die zuordenbare Registrierung jeder Manipulation des CAD-

Systems wird die Kontrollierbarkeit jedes einzelnen Mitarbeiters einerseits erhöht und andererseits auch einfacher. Die Erhebungen der Arbeitsleistung des einzelnen Mitarbeiters erfordert im Gegensatz zur konventionellen Arbeitstechnik keinen personellen Aufwand mehr, sondern stellt quasi ein maschinelles Abfallprodukt der CAD-Benutzung dar.

(2) Sowohl die CAD-Experten als auch die Hersteller sehen eine <u>Vereinfachung</u> der Kontrollierbarkeit. Gleichzeitig betonten aber alle CAD-Experten, dass in ihrer Firma mit dem Einsatz von CAD keine Zunahme der Kontrolle stattgefunden habe.
Als Hauptgrund für das Unterlassen einer engeren Kontrolle der Mitarbeiter wurde das gegenseitige Vertrauensverhältnis und gute Betriebsklima erwähnt. Andererseits wurde auch auf die spezifische Arbeit im Architekturbüro verwiesen, die sich einer Output-Kontrolle weitgehend entzieht. Im Architekturbüro sei die physische Arbeitszeit nicht entscheidend für die Qualität des Produktes!

5.3.4. Betriebsorganisation

(1) Der Einsatz einer neuen Technologie in einem Unternehmen erfolgt generell auf Grund von einer <u>Einsatzstrategie</u>. Auch im Falle von CAD waren solche Einsatzstrategien beobachtbar. Ein Parameter der zur Wahl der Einsatzstrategie führt, kann dabei in der Art und dem Ausmass der organisatorischen Auswirkungen bestehen, die beim Einsatz der neuen Technologie entstehen. In den besuchten Unternehmen war im Fall von CAD generell eine zeitlich gestaffelte Einsatzstrategie beobachtbar, die sich organisatorisch unterschiedlich auswirkte.

5.3.4.1. Wenig organisatorische Veränderungen: Die Insellösung

(1) Wird ein CAD-System abteilungsintern eingesetzt, dann spricht man von einer <u>Insellösung</u>. Bei dieser Einsatzart wird CAD in einer Abteilung selektiv zur Bearbeitung von spezifischen Aufgaben beigezogen. In allen besuchten Unternehmen ist CAD in der Anfangsphase als Insellösung eingesetzt worden. Wie bereits verschiedentlich erwähnt, handelte es sich beim ursprünglichen Einsatzort um die Ausführungsabteilung. Angewendet wurde CAD vorerst zur Zeichnungserstellung im Sinne des Drafting.

(2) Im Falle der Insellösung entstehen organisatorisch <u>wenig Rückwirkungen</u>. Die Wahl des Einsatzortes und der Einsatzart erfolgt dabei meistens unter dem Gesichtspunkt der organisatorischen Auswirkungsneutralität von CAD. Daneben ist es auch oft ein Ziel, intern zuerst Erfahrungen zu sammeln, bevor der Einsatz ausgeweitet wird. Infolgedessen versucht man die organisatorischen Massnahmen auf ein Minimum zu reduzieren, um nicht sehr kostspielige Fehler zu machen. Dennoch kann auch im Falle der Insellösung nicht verhindert werden, dass innerbetrieblich eine gewisse Anpassung der Organisationsstruktur notwendig wird.

(3) In <u>räumlicher</u> Hinsicht sind verschiedene organisatorische Lösungen zur Anordnung der CAD-Arbeitsplätze angetroffen worden. In der Hälfte der besuchten Firmen waren die CAD-Arbeitsplätze - wie bisher - im (Grossraum)-büro untergebracht. In diesen Firmen waren die CAD-Benutzer anscheinend auch weiterhin sehr gut in der Abteilung integriert. In der anderen Hälfte der Firmen waren die CAD-Arbeitsplätze z.T. in einem anderen Stockwerk plaziert. Dies war vor allem dann der Fall, wenn mehr als vier Arbeitsstationen zu einem sog. CAD-Arbeitsplatz-Pool zusammengefasst wurden. Die CAD-Arbeitsstationen waren dann in einem separaten Raum installiert.

(4) Abteilungsintern entsteht bei der Insellösung durch den CAD-Einsatz eine neue ausbildungsbedingte <u>Mitarbeiterkategorie</u>. Personen, die es gelernt haben am CAD zu arbeiten, werden dabei oft als Spezialisten betrachtet.
Obwohl innerbetrieblich eine Differenzierung zwischen CAD-Benutzern und konventionell arbeitenden Personen stattfindet, äussert sich dies im Falle der Insellösung kaum auf der Ebene des Arbeitsplatzes. Auch CAD-Spezialisten arbeiteten in den Unternehmungen nicht ausschliesslich am CAD. In der Regel entstehen dementsprechend Mischarbeitsplätze, bei denen sich phasenweise die konventionelle und die CAD-Arbeit abwechseln. Allerdings besteht dabei die Tendenz, dass die CAD-Phasen immer länger werden, da es in allen Firmen beabsichtigt war, die Anzahl der Aufgaben und Pläne, die am CAD-System auszuführen sind, zu steigern. Insofern darf angenommen werden, dass auch im Falle der Insellösung eine Veränderung der horizontalen Arbeitsteilung zugunsten von CAD-Benutzern stattfindet.

(5) Im Falle des abteilungsinternen CAD-Einsatzes als Drafting konnte keine Veränderung der <u>vertikalen</u> personellen Arbeitsteilung beobachtet werden. Wie bei der bisherigen konventionellen Arbeitstechnik übernimmt auch mit CAD der Hochbauzeichner bzw. der Tiefbauzeichner die Angaben des Ausführungsarchitekten oder Bauingenieurs, um sie in die jeweiligen Pläne umzusetzen. So zeichneten Architekten auch am CAD nur sehr selten selbst die Pläne, die früher von einem Zeichner erstellt wurden. Beim reinen Drafting werden weder die Schnittstellen nach oben noch nach unten wesentlich verändert. Allenfalls ist ein früheres Einsetzen der Kommunikation und Koordination zwischen Ausführungsarchitekt und Zeichner beobachtbar.

5.3.4.2. Bedeutendere organisatorische Veränderungen: Der integrierte Einsatz

(1) Wird CAD im Architekturbereich abteilungsübergreifend eingesetzt, so spricht man in organisatorischer Hinsicht von einem integrierten Einsatz. Der bisherige Planungsprozess wird durch einen <u>integralen Planungsablauf</u> ersetzt (vgl. Walder 1984, S.8). Obwohl im Architekturbereich viele Planungsaufgaben betriebsübergreifend bearbeitet werden, beschränken wir uns im folgenden hauptsächlich auf eine betriebsinterne Darstellung der Integration.

(2) Auf eine <u>planerische Aufgabe</u> bezogen, bedeutet dies, dass diese Aufgabe bereits in der Entwurfsabteilung mittels CAD bearbeitet wird. Ihre weitere Bearbeitung in der Ausführungsabteilung bzw. im Bauingenieurbüro findet dann im Falle der integralen Planung, ausgehend von der Datenmenge der Entwurfsabteilung, auch mittels CAD statt. Dabei werden zwischen den Abteilungen nicht mehr Pläne verschoben, sondern nur noch Datenmengen.

In gewissen Fällen ist auch im Architekturbereich eine noch weitergehende Integration im Sinne des Computer-Integrated-Manufacturing (CIM) denkbar, so z.B. bei Bauträgergesellschaften, die vorgefertigte und transportierbare Bauteile herstellen. Analog zur Maschinenindustrie wird dabei versucht, die dem planerischen Prozess nachgelagerte Fertigung mit NC-Maschinen zu automatisieren und an Hand der in den planerischen Abteilungen erarbeiteten Datenmenge auch direkt zu steuern. Diese Art von Integration dürfte aber in der Praxis die Ausnahme bleiben, weil "Planung" und "Fertigung" normalerweise unterschiedlichen Unternehmen zugeordnet sind.

(3) Die Rückwirkungen von integrierten Systemen sind für die Betriebsorganisation und die beschäftigten Personen viel tiefgreifender als im Falle der Insellösung. <u>Abteilungsmässig</u> betrachtet sind in den besuchten Betrieben, die bereits CAD integriert einsetzten, die einzelnen Abteilungen näher aneinandergerückt. CAD wirkt organisatorisch wie eine abteilungsübergreifende Klammer. Dies war vor allem im dreifacher Hinsicht beobachtbar:

- Organisatorisch war das engere Zusammenrücken zwischen Entwurfs- und Ausführungsabteilung auffallend. Im Falle der integralen Planung verloren bisher bestehende Abteilungsgrenzen an Bedeutung. Bedingt durch die Möglichkeit massstabslos zu zeichnen, wird so z.B. die abteilungsübliche Schwelle von einer Planbasis (1/200) zu einer anderen (1/50) nebensächlich.

- Unterstützt wurde das Zusammenrücken laut Aussage der CAD-Experten auch durch eine Zunahme der Kommunikation zwischen Entwurfs-, Ausführungsabteilung und externen Bauingenieuren. Wegen der Möglichkeit, eine Aufgabe im abteilungsübergreifenden Dialog gleichzeitig unter verschiedenen Gesichtspunkten zu bearbeiten (z.B. Raumaufteilung in der Entwurfsabteilung und Gestaltung der Räume in der Ausführungsabteilung), sind mehr Absprachen notwendig. Die einzelnen Planungsschritte sind dadurch im Ablauf voneinander weniger getrennt als bei der konventionellen Arbeitsweise. Neue Informationen können kontinuierlich verarbeitet werden, wann immer sie anfallen. Im Falle der extern beigezogenen Bauingenieure muss dabei aber, sofern sie sich direkt am CAD in den Planungsprozess einschalten möchten, das Problem der gegenseitigen Systemkompatibilität und Datenübertragungsmöglichkeiten gelöst sein.

- Schliesslich scheint die Integration auch in den Köpfen der Architekten, Bauingenieure und Zeichner stattzufinden. Wegen der Arbeit am CAD werden sie gezwungen, sich näher mit den Ueberlegungen und Problemen der Kollegen zu beschäftigen. Dadurch wird ein grösserer Ueberblick über den Planungsablauf und -stand gewonnen.

(4) In den Betrieben, die CAD bereits seit längerer Zeit integriert anwendeten, wurde langfristig tendenziell auch die betriebsinterne <u>abteilungsmässige Arbeitsteilung</u> zwischen Ausführungs- und Entwurfsabteilung verändert. Dabei vergrössert gewissermassen die Ausführung ihr Arbeitsspektrum auf Kosten der Entwurfsabteilung. Insbesondere war dies im Fall von grossen Bauträgergesellschaften zu beobachten. Da mit CAD

gegenüber der konventionellen Arbeitstechnik, Entscheidungen bereits in einer früheren Planungsphase gefällt werden können und müssen, wird die Ausführungsabteilung auch zur Lösung von Problemen beigezogen, die sie früher nicht im selben Ausmass bearbeiten konnte. Dies ist besonders wegen der veränderten Kommunikationsstruktur über das CAD-System ohne grossen Aufwand möglich. Weil die Ausführungsabteilung bei der Entscheidungsfällung teilweise mitbeteiligt ist, kann auch ein Teil der Aufgaben schneller an sie weitergegeben werden. Demzufolge wird auch die horizontale Arbeitsteilung zu Gunsten des Personals in der Ausführungsabteilung verschoben. Wegen der integrativen Wirkung von CAD entstehen grössere Arbeitsüberlappungsmöglichkeiten als bisher. Inhaltlich stösst dieser Prozess dann an seine Grenzen, wenn das nötige Fachwissen oder andere Kenntnisse fehlen.

(5) Hinsichtlich der Mischarbeitsplätze, wie sie z.T. bei der Insellösung vorzufinden sind, kann keine generelle Aussage gemacht werden. In den besuchten Unternehmen sind diese vorläufig mehr oder weniger analog zur Insellösung beibehalten worden. Kein einziger CAD-Benutzer war ausschliesslich am Bildschirm tätig. Allerdings ist hierzu zu bemerken, dass mit abnehmender Zahl der konventionell ausgeführten Arbeiten die Häufigkeit der Mischarbeitsplätze abnehmen dürfte.

(6) Was den Arbeitsablauf anbetrifft, so konnte allgemein eine Straffung festgestellt werden. Wird eine Aufgabe mit CAD bearbeitet, so müssen die einzelnen Planungsschritte inhaltlich und terminlich genau festgelegt werden. Letzteres ist vor allem wegen der Verfügbarkeit des Systems der Fall. Im Planungsablauf drückt sich die Festlegung der einzelnen Schritte durch eine gewisse Rigidität aus. Spontane Aenderungen, wie sie bei der konventionellen Arbeitsweise am Brett häufig vorgenommen werden, sind kaum mehr möglich. Der Planungsprozess ist starrer und geplanter geworden.

5.3.5. Ausbildung

5.3.5.1. Verschobenes Fähigkeitsprofil

(1) Durch den Einsatz von CAD im Architekturbereich findet auf der Ebene der CAD-Benutzer eine Verschiebung der individuellen Fähigkeitsanforderungen statt. In den besuchten Betrieben hatten die CAD-Benutzer ein anderes Fähigkeitsprofil, als ihre weiterhin konventionell arbeitenden Kollegen. Dabei waren zwei verschiedene Veränderungen feststellbar. Einerseits erhielten die manuellen Fertigkeiten und andererseits auch die intellektuellen Fähigkeiten der CAD-Benutzer einen anderen Stellenwert im individuellen Fähigkeitsprofil.

(2) Auf der Ebene der manuellen Fertigkeiten sind beim CAD-Einsatz zwei konträre Bewegungen auszumachen:

- Einerseits verlieren bisher gepflegte und wichtige manuelle Fertigkeiten tendenziell an Bedeutung. Zu dieser Kategorie kann sowohl die Handhabung der konventionellen Arbeitswerkzeuge (Reissbrett, Rapidograph etc.) gezählt werden, als auch die manuelle Beherrschung der Zeichentechnik (z.B. genaues Zeichnen).

- Andererseits entstehen neue Anforderungen hinsichtlich der manuellen Handhabung der neuen Arbeitswerkzeuge (Tastaturen, Positioniergeräte, usw.)

Nach übereinstimmender Ansicht der CAD-Experten und CAD-Benutzer waren die neuen manuellen Fertigkeiten, die der CAD-Benutzer zur Handhabung der neuen Arbeitswerkzeuge benötigt, auf einer niedrigeren Schwierigkeits- und Anforderungsstufe als die bisherigen Fertigkeiten angesiedelt. Von besonderer Bedeutung kann dies für die Zeichner sein, bei denen ein Grossteil der bisherigen manuellen Fertigkeiten am CAD nicht mehr notwendig sind. Dies kann langfristig zu gravierenden Auswirkungen im Berufsbild führen. Denn gerade die Möglichkeit und Fähigkeit, sich manuell und graphisch auszudrücken, scheint nach übereinstimmender Ansicht der befragten Zeichner, mit ein wichtiger Grund zu sein, um speziell im Architekturbereich den Zeichnerberuf zu ergreifen.

Allerdings muss hier bemerkt werden, dass, solange weiterhin Mischarbeitsplätze bestehen, die konventionellen manuellen Fertigkeiten nicht obsolet werden. Vielmehr war in den besuchten Betrieben die Ansicht vorzufinden, die Handhabungsfertigkeit der CAD-Arbeitswerkzeuge sei als Zusatzfertigkeit zu den konventionellen manuellen Fertigkeiten zu betrachten. Beide Fertigkeiten seien komplementär und könnten sich nicht gegenseitig ersetzen oder verdrängen.

(3) Tangiert werden auch die intellektuellen Fähigkeiten der CAD-Benutzer. Hier ist im Gegensatz zu den manuellen Fertigkeiten nur eine eindimensionale Bewegung beobachtbar: Nach übereinstimmender Ansicht sind die intellektuellen Anforderungen an die CAD-Benutzer gestiegen. Im folgenden unterscheiden wir zwischen berufsbezogenen Anforderungen einerseits sowie Einstellungen und Verhaltensweisen andererseits.

Unter berufsbezogenen Anforderungen werden Fähigkeiten verstanden, die wichtig sind, um im Architekturbereich mit CAD arbeiten zu können. Allgemein an Bedeutung gewinnen im Umgang mit CAD u.a. folgende intellektuelle Fähigkeiten:

- Das Abstraktionsvermögen, speziell im Umgang mit abstrakten Modellen

- Das Organisationsvermögen, z.B. hinsichtlich der Arbeitsvorbereitung und -organisation

- Das räumliche Vorstellungsvermögen, vor allem im 3D-Bereich

- Die analytische Denkweise

- Die Fähigkeit, sich vom gewohnten Arbeitsformat am Reissbrett lösen zu können

- Die Fähigkeit, sich kurzzeitig eine Reihenfolge von Befehlen zu merken.

Mit dem Begriff Einstellungen und Verhaltensweisen ist vor allem das Interesse und die Bereitschaft, sich mit einer neuen Technologie auseinanderzusetzen angesprochen. Fehlt diese Bereitschaft, so können Akzeptanz- oder Motivationsprobleme entstehen, die sich auf einen erfolgreichen CAD-Einsatz kontraproduktiv auswirken. (Vgl. Knetsch/Baaken 1983). Bezeichnenderweise waren alle befragten CAD-Benutzer jüngere Personen mit einer "positiven Technologieeinstellung".

5.3.5.2. Gestiegene Ausbildungsanforderungen

(1) Laut übereinstimmenden Angaben der CAD-Experten müssen die CAD-Benutzer gegenüber den konventionell arbeitenden Mitarbeitern ein verändertes <u>ausbildungsmässiges Anforderungsprofil</u> aufweisen. Generell sind die Ausbildungsanforderungen an die CAD-Benutzer in dreifacher Hinsicht gestiegen:

- bezüglich der fachlichen Grundausbildung
- bezüglich der praktischen Berufserfahrung
- bezüglich der eigentlichen Ausbildung am CAD.

(2) Was die <u>fachliche Grundausbildung</u> anbelangt, so war in den besuchten Betrieben auffallend, dass vorläufig, laut Angaben der CAD-Experten, innerhalb der Firmen nur Personen, die über ein überdurchschnittlich gutes schulisch/fachliches Wissen verfügten, am CAD arbeiten. Als besonders wichtig werden gute mathematische Kenntnisse angesehen. Nicht zuletzt wird damit auch die Fähigkeit zum analytischen Denken angesprochen. In der Tat scheint das Fehlen von höheren mathematischen Kenntnissen, speziell für Zeichner, ausbildungsmässig eine bedeutende Hürde zu sein, um am CAD schwierigere Aufgaben bearbeiten zu können. Zudem gewinnen für die Arbeit am CAD auch vermehrt Englisch-Kenntnisse an Bedeutung (Kommando-Terminologie).

Bezeichnenderweise wurde von keinem einzigen CAD-Experten die Forderung nach einer stärkeren Berücksichtigung der manuellen Schulfächer erhoben. Alle betonten hingegen, das Bedürfnis nach einer inhaltlichen Aufwertung der "intellektuell" orientierten Fächer.

(3) Ausgehend von den Aussagen der CAD-Benutzer und CAD-Experten, muss im Architekturbereich angenommen werden, dass bei der Arbeit mit CAD auch die Anforderungen an die <u>berufspraktischen Kenntnisse</u> bzw. an die berufliche Erfahrung zunehmen. Wegen der Tendenz, einzelne Planungsschritte am CAD integriert zu bearbeiten, gewinnt die genaue Kenntnis des Planungsablaufs an Bedeutung. Dies wird im Hinblick auf die Fachkoordination vorteilhafterweise durch eine gute Kenntnis der eigenen Firma und der angrenzenden Fachgebiete ergänzt. Ein CAD-

Benutzer meinte auch, seine Baupraxis während der Ausbildung habe für die Arbeit am CAD an Bedeutung gewonnen.

(4) Obwohl auch in der Schweiz die Diskussion um das sog. Informatikdefizit bzw. um die verstärkte Berücksichtigung der EDV im Architekturbereich geführt wird, besteht offenbar noch eine grosse Diskrepanz zwischen dem Diskussionsstand und der Berücksichtigung der Diskussionsresultate in den Lehrplänen der verschiedenen Ausbildungsstätten.
Während an den technischen Hochschulen in Zürich und Lausanne sowie an einigen höheren technischen Lehranstalten bereits Bemühungen laufen, vermehrt auch EDV-Aspekte in der Ausbildung zu berücksichtigen, sind in den Gewerbeschulen, also dort wo die am stärksten betroffenen Zeichner ausgebildet werden, offenbar noch keine neuen Ausbildungskonzepte in Sicht (vgl. Walder 1984, S.14). Eine eigentliche CAD-Ausbildung ist zum heutigen Zeitpunkt, wenn überhaupt, dann nur ansatzweise möglich. Allgemein steht auf jeder Ebene, vom Entwurfsarchitekten bis zum Zeichner weiterhin die konventionelle Arbeitstechnik im Mittelpunkt der Ausbildung (vgl. Fig. 5/14).

(5) Mangels einer eigentlichen externen CAD-Ausbildungsmöglichkeit in den Ausbildungsstätten, sind in allen besuchten Betrieben die CAD-Benutzer intern rekrutiert und geschult worden.
Was die Rekrutierungskriterien anbelangt, wurde überall betont, dass u.a. die gute fachliche Qualifikation auf jeder Stufe ein Hauptkriterium gewesen sei. Interessanterweise waren in keinem einzigen Fall, wie auch immer gelagerte EDV-Kenntnisse eine Voraussetzung, um am CAD ausgebildet zu werden.
Die Ausbildung zum CAD-Benutzer erfolgte in jedem Fall im Rahmen einer betriebsinternen Schulung. Obwohl dabei je nach Unternehmen und Hersteller hinsichtlich der Schulung, beträchtliche Unterschiede bestehen, kann doch generell zwischen drei Schulungsphasen unterschieden werden:

- Die "Grundschulung" wird in einem 1-2 wöchigen Grundkurs vermittelt. Dabei werden oft auch Experten der Systemhersteller beigezogen, oder aber der Kurs findet direkt beim Systemhersteller statt. Inhalt dieser Grund-

Fig. 5/14:
Gegenüberstellung der Ausbildungsanforderungen mit der konventionellen Arbeitstechnik und mit CAD

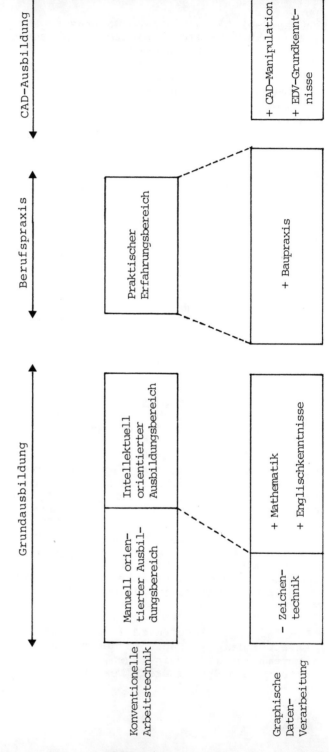

schulung sind auf der Hardware-Ebene vor allem die Bedienung von verschiedenen CAD-Komponenten (Bildschirm, Tastatur, Positioniergerät usw.). Auf der Software-Ebene wird in der Grundschulung vor allem gelehrt, die systemspezifische Kommandosprache zu beherrschen (z.B. wie zeichne ich einen Kreis).

- In einer zweiten Phase wird den CAD-Benutzern teilweise die Möglichkeit gegeben, betriebsintern auf dem CAD nicht kommerzielle Aufgaben zu bearbeiten. Dabei kann es sich z.B. darum handeln, trainingshalber dieselbe Zeichnung zuerst konventionell und danach mittels CAD zu erstellen. Alle CAD-Benutzer, die die Gelegenheit hatten, eine solche "learning-by-doing" Phase mitzumachen, betonten übereinstimmend die Wichtigkeit dieser Uebung. Erst dabei wird gelernt, das CAD-System wirklich zu beherrschen. Diese Phase dauerte bis zu 2 Monate, wobei während 1-2 Nachmittagen pro Woche am CAD geübt werden konnte.

- Die dritte Phase der Ausbildung, die wiederum in allen Unternehmen anzutreffen war, war ein sog. "On-the-job-training". Dabei wird dem CAD-Benutzer die Gelegenheit gegeben, kommerzielle Zeichnungen am CAD auszuführen. Jedoch wird dabei die Zeitvorgabe bewusst gross gehalten. Die Dauer des on-the-job-training war je nach vorausgehender Schulungsdauer ca. 1-2 Monate. Allerdings findet in dieser Phase ein fliessender Uebergang zu den "normalen" Zeitvorgaben statt.

Fig. 5/15
Die Schulungsphasen der betriebsinternen CAD-Ausbildung

Phase	Grundschulung	Learning-by-doing	On-the-job-training
Dauer	1 - 2 Wochen	1 - 2 Monate	1 - 2 Monate
Lernziel	- Manipulation - Kommandos	übungshalber Erstellen von Zeichnungen (Drafting)	kommerzielles Arbeiten am CAD

(6) Auch nach der betriebsinternen CAD-Ausbildung stellt für die grosse Mehrzahl der Benutzer das CAD-System weiterhin eine Art Blackbox dar. Sie haben zwar die Kommandosprache und die Manipulation der System-Arbeitswerkzeuge gelernt, doch verfügen sie nur über rudimentäre Kenntnisse der Hard- und Software. Zur Erstellung von Zeichnungen im Sinne des Drafting sind also keine speziellen EDV-Kenntnisse notwendig. Insbesondere gilt dies für die Beherrschung einer Programmiersprache (BASIC, PASCAL, FORTRAN usw.) und die Fähigkeit, selber Softwareprogrammveränderungen am System vornehmen zu können. Einerseits sind die Softwareprogramme oftmals so konzipiert, dass Aenderungen nur für Spezialisten möglich sind. Andererseits wird, nach Auskunft eines Herstellers, durch das Fehlen von Programmierkenntnissen der CAD-Benutzer auch die Wahrscheinlichkeit reduziert, dass diese versuchen, selber Programmveränderungen vorzunehmen, die womöglich ganze Programmteile löschen oder beschädigen würden.

(7) Wenn auch keine Programmierkenntnisse notwendig sind, so wurde doch übereinstimmend die Notwendigkeit von EDV-Grundkenntnissen betont. Dadurch soll die Schwellenangst gegenüber CAD reduziert und ein Teil des Informationsdefizites abgebaut werden. Ausserdem erhöhen diese Grundkenntnisse auch die Fähigkeit, CAD vor allem hinsichtlich seiner Bedeutung und Einsatzmöglichkeiten besser einschätzen zu können.

(8) Gesamthaft betrachtet erhält aufgrund der vorher beschriebenen Ausbildungsanforderungen die CAD-Ausbildung den Charakter einer Zusatzausbildung. Sie kann keinen Ersatz für die Grundausbildung darstellen, sondern ist als komplementär zu dieser anzusehen. Insbesondere kann die CAD-Ausbildung keine mangelhaften beruflichen Kenntnisse kompensieren. Das praktische Wissen und die Berufserfahrung bilden auch beim Einsatz von CAD den wesentlichen Hintergrund der beruflichen Qualifikation. Insofern erscheint es zumindest fragwürdig, ob die CAD-Ausbildung die Chancen für einen innerbetrieblichen hierarchischen Aufstieg signifikant verbessern kann. Ausgehend von diesen Resultaten kann hinsichtlich der Ausbildungsanforderungen der einzelnen Berufskategorien folgende Tendenz vermutet werden:

- Geringe Veränderungen sind bei den Entwurfsarchitekten ETH zu erwarten. Da sie ausbildungsmässig die am besten qualifizierten Architekten sind, sollten sie unter diesem Gesichtspunkt betrachtet keine Schwierigkeiten haben, um am CAD-System arbeiten zu können.

- Für die Architekten HTL in der Ausführungsabteilung ist eine generelle Ausweitung des Anforderungsprofils zu erwarten. Dabei sind einerseits vertiefte bautechnische Kenntnisse und andererseits auch gestalterisch/konstruktive Kenntnisse wichtig. Dies gilt insbesondere dann, wenn sie als Generalisten, in Folge der Aufwertung der Ausführungsabteilung, einen Teil der Aufgaben des Entwurfsarchitekten übernehmen.

- Das Anforderungsprofil des Bauingenieurs ETH dürfte von allen im Architekturbereich tätigen Personen am geringsten durch den Einsatz von CAD tangiert werden. Vor allem jüngere Bauingenieure ETH sind sowohl analytisch geschult als auch gewohnt, mit EDV zu arbeiten. Neue Anforderungen könnten höchstens für spezifische Aufgaben wie Finite Elemente oder aber für die Programmierung von Software entstehen.

- Durch den CAD-Einsatz am stärksten tangiert werden voraussichtlich die Ausbildungsanforderungen von Hoch- und Tiefbauzeichnern. Inwiefern sogar vollständig neue Berufskategorien, z.B. CAD-Zeichner entstehen, kann hier nicht beantwortet werden. Sicher ist, dass bei der zu erwartenden Ausbreitung von CAD im Architekturbereich das Berufsbild des Zeichners verändert wird (vgl. Buschhaus et al. 1980, S.3ff.). Der bisher vorwiegend manuell orientierte Zeichner wird, sofern er mit CAD arbeitet, zum intellektuell orientierten Datenverarbeiter.

5.4 Konklusionen

5.4.1 Die wichtigsten Punkte

(1) Wenn in einem traditionell orientierten Architekturbüro, das bisher mit einer konventionellen Arbeitstechnik arbeitete, ein CAD-System eingesetzt wird, dann findet innerhalb dieses Büros ein eigentlicher Umbruch statt:
- Erstens bricht zum ersten Mal eine Maschine in die Arbeitswelt der im Architekturbereich arbeitenden Personen ein. Bisher hatten Architekten und Zeichner sozusagen keine Arbeitsbeziehung zu oder mit einer Maschine. In ihrem Arbeitsleben, Denken und Fühlen spielen Maschinen allgemein nur eine untergeordnete Rolle. Weder müssen Architekten Maschinen bauen, noch sich damit mechanisch auseinandersetzen, noch mussten sie vor dem Einsatz von CAD im eigentlichen Sinn damit arbeiten.
- Zweitens funktioniert diese Maschine nicht nach einem einfachen mechanischen Prinzip, sondern sie ist ein hochkompliziertes technologisches Arbeitsmedium, das über eine Anzahl von unterschiedlichen Komponenten (Arbeitswerkzeuge) und eine programmierbare Logik verfügt. Demzufolge wird im Architekturbereich ein abrupter Sprung von der Handarbeit zur neuesten Technologie vollzogen, wobei eine evolutorische Zwischenstufe, nämlich jene der mechanischen Maschine, übersprungen wird.

(2) Betrachtet man nun die Auswirkungen dieses Umbruches bzw. des CAD-Einsatzes im Architekturbereich, so kann man CAD weder als eine (technologische) Revolution noch als ein einfaches neues Arbeitswerkzeug bezeichnen. Vielmehr stellt CAD ein neues Arbeitsmittel dar, das sich sehr vielschichtig und umfassend auf die traditionelle Arbeitswelt im Architekturbereich auswirken kann. Kurzfristig ist dies der Fall, weil CAD, wie im Auswirkungsbeschrieb dargestellt, die Arbeitsinhalte, Tätigkeitsschwerpunkte und Arbeitsbedingungen der CAD-Benutzer verändert. Langfristig sind noch weitergehende Auswirkungen zu erwarten, die nicht mehr nur den CAD-Benutzer selber betreffen, sondern auch die Ausbildungslehrgänge und die Organisationsstruktur der Architekturbüros und infolgedessen auch die Arbeitswelt der weiterhin konventionell arbeitenden Personen verändern dürfte.

(3) Die umfassende Auswirkungsdimension von CAD zeigt sich nicht zuletzt daran, dass beim Einsatz von CAD alle wichtigen Berufskategorien, die in den planerischen Abteilungen des Architekturbereiches vorkommen, betroffen werden. Allerdings ist dies nicht immer im selben Ausmass der Fall:

- Am wenigsten Auswirkungen sind auf der Ebene der Bauingenieure festzustellen. Für sie gilt am ehesten, dass CAD eine neue Arbeitsmöglichkeit darstellt, die sie von einem Teil der bisherigen Rechnerarbeit entlasten kann und es ihnen überhaupt erst erlaubt, gewisse komplizierte Aufgaben zu bearbeiten.

- Auf der Ebene der Architekten gilt die obige Feststellung nur mit Einschränkungen. Zwar können auch sie, vor allem beim modellorientierten Bearbeiten von Entwurfsvarianten, neue Einsichten gewinnen, doch wird durch CAD ihre Arbeitswelt stark verändert. Bisher waren sie in der Lage ein Haus mit ihrem "Kopf" und den "Händen" unter Beihilfe von einigen wenigen Arbeitswerkzeugen (Papier, Bleistift usw.) zu entwerfen. Jetzt müssen sie es mit einer Maschine tun.

- Die bedeutendsten Auswirkungen finden auf der Ebene der Zeichner statt. Einerseits wird beim (zeichnungsorientierten) CAD-Einsatz vor allem ihr Tätigkeitsspektrum tangiert. Anstatt von Hand werden die Pläne vom Plotter gezeichnet. Andererseits besteht zudem auch die Möglichkeit, dass sie einen Teil ihrer bisherigen Aufgaben an die Maschine verlieren.

Auf die Gesamtheit der Berufskategorien bezogen wirkt sich somit der CAD-Einsatz umso stärker aus, je niedriger deren hierarchische Stellung im Betrieb ist.

(4) Neben den eigentlichen CAD-Benutzern werden auch ihre weiterhin konventionell arbeitenden Kollegen durch Nebenwirkungen des CAD-Einsatzes betroffen. Während man bei den CAD-Benutzern noch in einem gewissen Ausmass annehmen kann, dass zwischen ihnen und der Maschine eine Komplementarität stattfindet (computerunterstütztes Arbeiten), gilt für die weiterhin konventionell arbeitenden Mitarbeiter eine andere Ausgangslage. Anstatt in einer komplementären Arbeitssituation zu sein, sind sie tendenziell eher in Konkurrenz zur Maschine. Konventionell arbeitende Zeichner in einer Firma, die CAD einsetzt, müssen im heutigen Anwendungsstadium damit rechnen, einen Teil ihres bisherigen Arbeitsspektrums an die CAD-Benutzer abgeben zu müssen und insofern auch indirekt an die dahinter stehende Maschine.

(5) Da sich CAD auf die einzelnen Menschen und Berufskategorien im Betrieb unterschiedlich auswirkt, muss langfristig damit gerechnet werden, dass auch die Organisationsstruktur einer Firma, die CAD einführt, verändert wird. Hierbei sind zwei gegenläufige Entwicklungen möglich:

- Wegen der technologisch bedingten Dezentralisationsmöglichkeiten von CAD (intelligentes Terminal am Arbeitsplatz), kann theoretisch eine Dezentralisierung der Organisations-, Entscheidungs- und Verantwortungsstruktur eintreten. Der einzelne CAD-Benutzer gewinnt innerbetrieblich an Kompetenzen.

- Wegen der gleichzeitig beobachtbaren integrierenden Wirkung von CAD (vgl. Integraler Planungsablauf), besteht im Gegensatz dazu aber auch die Möglichkeit, dass die interne Organisationsstruktur gestrafft wird. Dabei übernimmt das Management vermehrt die Planungs- und Entscheidungsfunktion, während der CAD-Benutzer vor allem ausführend tätig ist. Das Resultat der Integration kann somit weniger in einer Dezentralisierung der Entscheidungskompetenzen, als in einer Vertikalisierung der innerbetrieblichen Hierarchie und Organisationsstruktur liegen. Dezentralisierte Arbeitsmöglichkeiten sind nicht unbedingt identisch mit dezentralen Entscheidungsstrukturen!

(6) Langfristig kann sich wegen der erzielbaren Produktivitätssteigerung CAD auch auf die Anzahl der Arbeitsplätze im Architekturbereich auswirken, insbesondere auf die Zeichner-Arbeitsplätze. Dabei ist es nicht ausgeschlossen, dass eine CAD-Ausbildung eine Verbesserung des Qualifikationsprofils darstellt, und insofern auch zu einer grösseren Arbeitsplatzsicherheit beitragen kann. Während, nach Ansicht der CAD-Experten, ältere erfahrene Zeichner, die in einem Betrieb arbeiter der CAD einsetzt, auch dann weiterbeschäftigt werden können, wenn sie nicht auf CAD ausgebildet sind (z.B. Spezialaufgaben, Arbeiten mit alten Katasterplänen usw.), trifft dies vermutlich bei jungen schlecht ausgebildeten Zeichnern (z.B. 2 Jahre Anlehre) nicht im selben Ausmass zu. Ohne CAD-Ausbildung müssen sie u.U. damit rechnen, ihren angestammten Arbeitsplatz zu verlieren.

(7) Obwohl sich der CAD-Einsatz im Architekturbereich sehr umfassend auswirken kann, wäre es dennoch falsch, alle Veränderungen die nach einem CAD-Einsatz eintreffen können, automatisch auf das CAD-System zurückzuführen. Während in einigen Fällen die Auswirkungskausalität unmittelbar bestehen mag (z.B. neues Fähigkeitsprofil, Verlagerung der Tätigkeitsschwerpunkte usw.), handelt es sich in anderen Fällen eher um Nebenwirkungen des CAD-Einsatzes, die nicht unmittelbar systembedingt sind, sondern mindestens ebenso sehr von den verfolgten Einsatzzielen und der Unternehmenspolitik allgemein abhängen (z.B. Gestaltung der Arbeitszeit, veränderte Sozialkontakte, Stresszunahme usw.). Insofern kann z.t. nicht ausgeschlossen werden, dass der CAD-Einsatz zum Anlass oder Vorwand genommen wird, um Massnahmen einzuführen, die ursächlich weniger von dem CAD-System als von den allgemeinen unternehmenspolitischen Zielen abhängen.

5.4.2. Ansatzpunkte für die Steuerung

(1) Die im Kapitel 5.3. beschriebenen Auswirkungen stellen einen Querschnitt dar. Sie müssen nicht immer so eintreten, sondern können sich im Laufe der Zeit und in Abhängigkeit der Systemeinsatzdauer und -art verändern. Im folgenden soll dargestellt werden, wo beim Einsatz von CAD tendenziell ein Handlungsspielraum besteht.

Handlungsspielraum Einführung

(1) Während in anderen Branchen die Frage, ob CAD eingeführt werden soll, schon mehr oder weniger positiv beantwortet ist und sich die Diskussion heute mehr um den Einsatzzeitpunkt dreht, besteht im Architekturbereich eine andere Ausgangslage. Hier wird noch für einige Zeit eine Wahlmöglichkeit zwischen CAD und der konventionellen Arbeitstechnik bestehen bleiben:

- Da die Architekturleistungen vor allem im Inland erbracht werden, spielen der internationale Konkurrenzdruck und die ausländischen Arbeitsmethoden eine kleinere Rolle als bei stark Import- und Exportorientierten Branchen.

- Die grosse Mehrzahl der schweizerischen Architekturbüros besteht aus Kleinbüros mit weniger als fünf Mitarbeitern. Für diese Bürogrösse und die Bauobjekte, die ein solches Büro üblicherweise plant (z.B. Einfamilienhäuser) ist ein CAD-System im heutigen Zeitpunkt noch zu teuer und überdimensioniert.

(2) Abstrahiert man von den bestehenden Akzeptanzproblemen und der relativen Neuartigkeit der Computertechnologie im Architekturbereich, dann ist allein schon auf Grund der beiden oben erwähnten Punkte im Architekturbereich mit einem langsameren Diffusionsprozess von CAD zu rechnen.
Bei der Bestimmung des Einführungstempos dürften die CAD-Systemkosten die Hauptvariable darstellen. Bei rasch fallenden Kosten ist mit einer zunehmenden Einführungsgeschwindigkeit von CAD im Architekturbereich zu rechnen. Allerdings muss hier nochmals darauf hingewiesen werden, dass die Anschaffungskosten nur einen Teil der Kosten darstellen, die durch den Einsatz von CAD verursacht werden. Hinzu kommen noch die Schulungskosten und die Betriebskosten des Systems sowie die Anpassungskosten auf der betriebsorganisatorischen Ebene. Zusammengenommen können diese Kosten die Anschaffungskosten sogar übertreffen.
Im Lichte der Branchenstruktur und der Systemkosten wird es verständlich, warum z.T. Fachleute davon ausgehen, dass eigentliche CAD-Systeme im Architekturbereich nur eine Uebergangslösung darstellen, während die Zukunft den extrem leistungsfähigen aber trotzdem billigen Personal-Computern der kommenden Computergeneration gehören wird.

Handlungsspielraum Organisation

(1) Eine der hauptsächlichen organisatorischen Auswirkungen des CAD-Einsatzes kann in der zunehmenden Arbeitsteilung und der Segmentierung der Arbeitsprozesse gesehen werden. Im Architekturbereich wirkt sich dies besonders gravierend aus, da hier bisher fliessende Uebergänge, besonders zwischen Architekt und Zeichner, bestanden. Zumindest die Segmentierung der Arbeitsprozesse in CAD-Phasen und konventionelle Phasen kann tendenziell aufgehoben werden, wenn dieselbe Person sowohl die CAD- wie die konventionellen Phasen einer Aufgabe

betreut. Voraussetzung dafür ist eine CAD-Ausbildung. Organisatorisch eignet sich hierzu auch im Architekturbereich ein CAD-Einsatz im open-shop-Verfahren besonders gut (vgl. Maschinenindustrie).

(2) Wie dies speziell in einer Firma beobachtet werden konnte, müssen CAD-Terminals nicht unbedingt in einem CAD-Pool oder gar in einer eigenen CAD-Abteilung zusammengefasst werden, sondern können räumlich <u>dezentral</u> am angestammten Arbeitsort selber installiert sein. Für den CAD-Benutzer hat dies den Vorteil, dass er in seiner bisherigen Abteilung mit seinen Arbeitskollegen weiterarbeiten kann. Insbesondere dann, wenn eine genügend grosse Anzahl von Arbeitsstationen zur Verfügung stehen wird (pro Arbeitsplatz ein Terminal?), wird der dezentralisierte Einsatz die übliche Lösung sein.

<u>Handlungsspielraum Ausbildung</u>

(1) Wie in anderen Untersuchungen und Branchen dargestellt (vgl. Knetsch/Baaken, 1983), so scheint auch im Architekturbereich die Forderung nach einem veränderten <u>Ausbildungskonzept</u> angebracht. Dabei soll die CAD-Ausbildung nicht auf Kosten der Grundausbildung forciert werden, sondern nur als komplementär zur Grundausbildung gelten:

- In der schulischen Ausbildung (Gewerbeschulen, Hochschulen, Technikum) sollten EDV-Grundkenntnisse vermittelt werden. Dazu ist auch dem Ausbildungspersonal bzw. den Lehrern die Möglichkeit zu geben, sich in dieser Hinsicht insbesondere am CAD weiterzubilden (vgl. Walder 1984).

- In den Firmen selber sollte dann die CAD-Ausbildung vervollständigt und eine Spezialisierungsmöglichkeit angeboten werden.

- Auch älteren Mitarbeitern sollte möglichst die Gelegenheit gegeben werden, eine CAD-Ausbildung zu absolvieren.

(2) Ob schliesslich die neuen Ausbildungskonzepte in eine grössere hierarchische Durchlässigkeit münden bzw. ob die CAD-Ausbildung es erlaubt, einen beruflichen Aufstieg zu vollziehen, muss auf Grund der Resultate dieser Untersuchung skeptisch beurteilt werden. Zwar werden in Zukunft besser ausgebildete Personen benötigt, die über eine grössere Interpretationsfähigkeit, bessere berufliche Kenntnisse und EDV-Grundkenntnisse verfügen. Doch werden diese Personen auf allen hierarchischen Stufen vorzufinden sein. Insofern stellt eine CAD-Ausbildung eher einen relativen als einen absoluten Vorteil dar, der zudem im Laufe der Zeit immer mehr an Bedeutung verlieren dürfte.

Handlungsspielraum Technologie

(1) Obwohl die Technologie der Systeme und insbesondere deren Ergonomie immer wieder im Mittelpunkt der Diskussion stehen (vgl. Bundesanstalt für Arbeitsschutz 1980 und Troy/Ulich 1982, S.146ff.), muss doch davon ausgegangen werden, dass diese beiden Systemelemente aus der Sicht der CAD-Benutzer und Käufer weitgehend exogen bestimmt sind. Bei schlüsselfertigen Systemen besteht kaum eine Wahlmöglichkeit von seiten der CAD-Anwender. Weil sie ein ganzes, aufeinander abgestimmtes System kaufen, können sie oft nicht unabhängig über die einzelnen Systemkomponenten bestimmen. Ist dies trotzdem der Fall, dann stellt vielleicht eher der Komponentenpreis als die Komponentenergonomie das wichtigste Entscheidungskriterium dar.

(2) Was die Systemhardware anbelangt, so möchte man den CAD-Benutzern vor allem grössere, flimmerfreie Bildschirme wünschen, die ergonomisch optimal ausgelegt sind (vgl. auch Wingert et al.1984, S.230). Zwar besteht heute eine Wahlmöglichkeit bezüglich der Bildschirmtechnologie, die üblichen Graphik-Bildschirme sind indes noch immer um ein mehrfaches kleiner als ein Zeichenbrett, womit für den CAD-Benutzer eine nicht zu unterschätzende Veränderung seiner Arbeitsbedingungen eintritt.

(3) Vergleicht man den heutigen Entwicklungsstand der Systemsoftware und der -hardware, so muss festgestellt werden, dass die Software noch lange nicht das Niveau der Hardware erreicht hat. Generell besteht im Architekturbereich ein Defizit an Softwareprogrammen:

- Die angebotenen Softwarepakete stellen oft weniger den Stand des technisch Machbaren dar, als dass sie vor allem nach kommerziellen Gesichtspunkten erstellt werden. Während so in gewissen kommerziell interessanten Bereichen mehrere Softwarepakete bestehen können, fehlen sie hingegen für andere Anwendungen (vgl. Walder 1984).

- Bei der Erstellung der Software besteht z.T. ein Zielkonflikt zwischen der Benutzerfreundlichkeit und den Softwarekosten. Oft sind benutzerfreundliche Programme aufwendiger zu erstellen, weshalb man sich aus Verkaufsgründen auf suboptimale Lösungen beschränkt.

- Die Softwarekompatibilität ist heute noch ungenügend entwickelt. Softwareprogramme können kaum von einem Rechner in den anderen überspielt werden, was im Architekturbereich speziell die büroübergreifende Fachkoordination erschwert.

- Schliesslich bestand noch öfters der Wunsch nach einer Software, die auch visuelle Assoziationen erlaubt, so wie dies der üblichen Arbeitsweise im Architekturbereich entspricht. Das könnte nicht zuletzt dadurch erreicht werden, dass im Gegensatz zu heute weniger Informatiker und Bauingenieure, als Informatiker und Architekten die spezifische Architektursoftware erstellen.

Handlungsoption Einsatzart

(1) Der letzte mögliche Ansatzpunkt zur Steuerung besteht in der Wahl der Einsatzziele bei der Einführung von CAD:

- Einerseits kann im CAD vor allem ein Rationalisierungsinstrument gesehen werden: die Planungskosten sinken, die Planungsgeschwindigkeit steigt, die Pläne sind redundanzfrei erstellt usw.

- Andererseits kann CAD aber auch als Innovationsinstrument aufgefasst werden, das im Architekturbereich neue Erkenntnisse ermöglicht. Hier bestünde das primäre Einsatzziel nicht im Einsparen von Kosten sondern in einer neuen Arbeitsweise, die es erlaubt, mehr Varianten zu bearbeiten, Bauobjekte besser zu durchdenken und nicht zuletzt die bauliche Qualität der späteren Gebäude zu verbessern. Architekten beklagen sich oft darüber, dass sie wegen des Zeitdrucks zu wenig kreative Entfaltungsmöglichkeiten haben. Mit CAD besteht zumindest die Chance, den erzielbaren Produktivitätsgewinn auch zu einer Planungsverbesserung zu nutzen. Wie sich diese Einsatzart auf die Arbeit der CAD-Benutzer auswirken könnte, kann nur vermutet werden. Unter Umständen wäre CAD dann ein Arbeitsmittel, das vor allem neue Entfaltungsmöglichkeiten im Sinne der Verbesserung der Arbeitsplatzqualität erlauben würde.

(2) Bei der Implementierung von CAD-Systemen ist jedoch nicht nur das Einsatzziel wichtig sondern ebenso die <u>Vorgehensweise</u>, die zur Erreichung dieses Zieles führt. Hier muss vor allem die Wichtigkeit des innerbetrieblichen Informationsverhaltens über CAD betont werden. Wenn konventionell arbeitende Mitarbeiter nicht über CAD informiert werden, dann können sie weder die oft bestehende Schwellenangst abbauen, noch sich auf den etwaigen CAD-Einsatz einstellen und vorbereiten. Wichtig scheint in dieser Hinsicht, dass die Information auch von einer kompetenten Person der Geschäftsleitung und nicht nur von CAD-Benutzern selber stammt.

6. Zusammenfassende Thesen

These 1: Das rasante Entwicklungstempo der Mikroelektronik der vergangenen Jahrzehnte wird sich in den kommenden Jahren beschleunigt fortsetzen.

Die Entwicklung war und ist gekennzeichnet durch Kostensenkungen, Leistungssteigerungen sowie eine Miniaturisierung mikroelektronischer Komponenten um jeweils viele Zehnerpotenzen. Rückblickend erweist sich der Zeitraum 1950 bis 1980 allerdings bereits als die "gute alte Zeit" der elektronischen Datenverarbeitung. Seit 1980 bahnt sich eine dramatische Beschleunigung der mikroelektronischen Entwicklung und von Computeranwendungen an. Dies äussert sich u.a. darin, dass - gegenüber früher - in immer kürzer werdenden Kadenzen neue Hardware-Typen sowie Software-Pakete auf den Markt kommen.

Die Entwicklung der Computertechnologie verlief bisher und wohl auch noch auf absehbare Zeit in exponentiellen Bahnen (z.B. Schaltgeschwindigkeit, Rechenleistung, Speicherdichte). Diesem generellen Trend waren gelegentlich noch zusätzliche Technologiesprünge überlagert. Eine äusserst dynamische Entwicklung ist kurzfristig insbesondere im Bereich der Speichermedien zu erwarten (optische Speicher), was vor allem bei datenintensiven Anwendungen zu neuen Druchbrüchen führen wird.

These 2: Das Anwendungsspektrum der Computertechnologie hat sich in jüngster Zeit insbesondere dank der Entwicklung der Computer-Grafik gewaltig verbreitert und ihr Potential ist noch bei weitem nicht ausgeschöpft.

Viele der heutigen Anwendungsmöglichkeiten sind nicht neu. Aber erst durch die drastische Verbilligung der Computerleistung sind sie in neuster Zeit wirtschaftlich geworden. Einige Computerapplikationen, die heute noch Pioniercharakter haben, dürften bald ein breites Einsatzgebiet finden und dann die Arbeitswelt nachhaltig verändern. In den untersuchten Branchen sind es vor allem CAD- bzw. CAD/CAM-Systeme.

Dabei geht die Entwicklung nicht primär in die Breite (neue, heute noch unbekannte Applikationen), sondern vorwiegend in die Tiefe (Verbesserung heute bereits bekannter Applikationen).

These 3: Neue Technologieanwendungen setzen sich nun auch in den der eigentlichen Fertigung vorgelagerten Phasen durch. Erfasst werden insbesondere planende und disponierende Tätigkeiten.

Es ist ein wichtiges Merkmal der untersuchten Computeranwendungen, dass sie sich für grundsätzlich neue Aufgaben eignen. Damit werden einige Bereiche erstmalig mit Mensch-Maschine-Systemen konfrontiert - im Gegensatz etwa zur Fertigung, wo seit längerer Zeit NC- und CNC-Maschinen eingesetzt werden oder dem kaufmännisch-administrativen Bereich, bei welchem der Computer eigentlich überall zur Standardausrüstung gehört. Neu sind solche Applikationen insbesondere für die Konstruktionsabteilungen in der Maschinenindustrie und für die Entwurfs- und Ausführungsabteilungen in der Architektur. Weniger einschneidend ist dagegen die Veränderung in F + E-Abteilungen und vorläufig auch in der AVOR sowie bei den Bauingenieuren.

Zu den Hauptanwendungsgebieten der neuen Technologien gehören

- in der Forschung und Entwicklung: Finite-Elemente-Methode und Simulation

- in der Konstruktion der Maschinenindustrie und in der Ausführungsplanung der Architekturbranche (inkl. die ingenieurmässigen Berechnungen): Design und vor allem Drafting.

Anwendungsmöglichkeiten ergeben sich aber auch in der Arbeitsvorbereitung.

These 4: CAD-Systeme sind als neue Arbeitsmittel zu begreifen, die traditionelle Arbeitsgeräte ablösen. Eine Substitution von menschlicher Arbeit durch die Mikroelektronik findet "nur" bei den reinen Zeichnertätigkeiten statt.

Oder anders ausgedrückt: Die untersuchten Computertechnologien stellen für den Arbeitsinhalt keine Revolution dar. Es werden zwar Funktionen vom Mensch zur Maschine verlagert, dafür kommen neue Tätigkeiten dazu. Hierzu gehören alle mit der Technologie direkt und indirekt zusammenhängenden Arbeiten (Programmierung, Erstellen von Makros, Maschinenbedienung, Service usw.). Allerdings verschieben sich - mit dem Ansteigen der Computeranwendungsmöglichkeiten - im Laufe der Zeit die Schnittstellen zwischen Mensch und Maschine. Im eigentlichen Sinne bedroht sind einfachere, repetitive Tätigkeiten. Die rein manuelle Arbeit der Zeichnungserstellung lässt sich schon heute durchaus mittels Computer durchführen.

Auch wenn die neuen Computerapplikationen "nur" ein neues Arbeitsmittel darstellen, so können sie doch nicht ganz ohne Auswirkungen bleiben. Bezüglich Arbeitsinhalt sind nebst den Tätigkeitsveränderungen festzustellen: Ersatz von alten durch neue Routinetätigkeiten, Arbeit mit blackbox-Systemen und (nicht zuletzt damit zusammenhängend) Anstieg des technisch bedingten Abstraktheitsgrades sowie Leistungsverdichtungen.

These 5: Die Arbeitsbedingungen können sich dort verschlechtern, wo neue Technologien bisherige Arbeitsmittel ersetzen.

Eine tendenzielle Verschlechterung ist z.B. in der Konstruktionsabteilung der Maschinenindustrie sowie der Ausführungsabteilung (und allenfalls beim Entwurf) in der Architektur zu erwarten. In diesen Bereichen wird z.B. CAD in erheblichem Umfang eingesetzt werden, woraus unter anderem auch eine recht hohe Benutzerarbeitszeit resultieren wird. Negative Folgen sind jedoch dort weniger ausgeprägt, wo neue Applikationen bestehende Arbeitsmittel lediglich ergänzen, nicht aber ersetzen, so etwa in der Forschung und Entwicklung.

Die Verschlechterung der Arbeitsbedingungen kann sich in verschiedensten Indikatoren manifestieren. Beklagt werden teilweise Stresszunahme, Einengung von arbeitszeitlichen Gestaltungsspielräumen, die Erhöhung der Kontrollierbarkeit (nicht aber der durchgeführten Kontrollen) und die Verschlechterung des Kommunikationsverhaltens.

These 6: Die organisatorischen Auswirkungen sind abhängig vom Grad der technischen Integration. Die Organisation ihrerseits ist aber auch Handlungsspielraum und bestimmt damit die Auswirkungen für die Benutzer.

Werden die Systeme als Insellösungen implementiert, so ändert sich an der Organisationsstruktur grunsätzlich recht wenig. Tangiert wird z.T. die horizontale Arbeitsteilung: Es ist eine zwar nicht stark ausgeprägte, aber doch vorhandene Tendenz zur Spezialisierung festzustellen. Tiefgreifender sind die Umstellungen bei integrierten Systemen wie z.B. CAD/CAM, auch wenn versucht wird, die neue Technologie organisch in die bisherige Struktur einzugliedern. Die hintereinander gelagerten Funktionen rücken, technisch bedingt, näher zusammen und auf der Ebene des einzelnen Arbeitsplatzes ist eine Straffung des Arbeitsablaufes festzustellen.

Die organisationalen Veränderungen sind aber keine einseitig gerichtete Folge der neuen Technologie. Deren gegenseitige Beziehung ist vielmehr geprägt durch eine intensive Wechselwirkung. Selbst bei hochintegrierten Systemen (wie z.B. CAD/CAM) bestehen nämlich mittels der Organisation auch Handlungsspielräume, die das Ausmass negativer (und positiver) Auswirkungen auf die Benutzer bestimmen.

These 7: Die weit verbreitete These, wonach die neuen Technologien zu einer Polarisierung der Qualifikationen führten, lässt sich in dieser pauschalen Form nicht bestätigen, wenn auch durchaus Verschiebungen in den Anforderungen zu beobachten sind.

In den Fallstudien finden sich tatsächlich für einzelne Tätigkeiten und Berufe gewisse Polarisierungstendenzen. So dürften einige mittlere Qualifikationsstufen, z.B. Zeichner, verschwinden. Sonst findet aber vor allem eine Umschichtung statt: Anstelle der manuellen Zeichnertätigkeit tritt die Arbeit am Bildschirm. Insofern werden gewisse traditionelle Fähigkeiten und Ausbildungsanforderungen obsolet - so z.B. das genaue, manuelle Zeichnen. Im allgemeinen haben die neuen Technologien aber - trotz solcher "Ausnahmen" - die Eigenschaft, bisheriges Können nicht zu ersetzen. Vielmehr kommen die technischen Anforderungen (bezüglich Wissen, Verhalten, Einstellung usw.) zu den bisherigen Anforderungen dazu.

These 8: Die Akzeptanz von CAD ist im allgemeinen recht hoch, im einzelnen aber vom Berufsverständnis abhängig. Ob die Akzeptanz auch in Zukunft so hoch ist, wenn der Zwang zur Arbeit an Computersystemen wächst, kann aus heutiger Sicht nicht abschliessend beurteilt werden.

Weil heutige Benutzer der untersuchten Computersysteme vielfach (noch) freiwillig an solchen Geräten arbeiten, bestehen fast zwangsläufig keine gravierenden Akzeptanzprobleme. Trotzdem ist zu differenzieren: Am wenigsten Probleme finden sich bei Personen mit wissenschaftlich-technischen Ambitionen. Für sie sind die neuen Technologien eine weitere, technische Herausforderung. Eine tendenziell eher ablehnende Haltung ist bei Personen mit einem künstlerisch-kreativen Anspruch an ihren Beruf zu beobachten.

Die Akzeptanz und - damit zusammenhängend - die Perzeption der Auswirkungen hängen darüber hinaus von einer Reihe individueller Benutzermerkmale ab, so z.B. vom Alter, dem Bildungsstand, dem Informationsstand, der spezifischen Ausbildung und der psycho-sozialen Konstellation.

These 9: Von den verschiedenen Handlungsoptionen, die sich bei der Implementierung ergeben, kommt der Ausbildung eine dominierende Rolle zu. Branchen- und einsatzspezifisch können ausserdem wichtig sein: organisatorische und technologische Handlungsspielräume, Einführungsart und -geschwindigkeit.

Aus zwei Gründen kommt in beiden Fallbeispielen der Ausbildung ein hohes Gewicht zu: Erstens können die negativen Auswirkungen durch eine gute Vorbereitung minimiert werden. Zweitens gelingt eine Umstellung ohne grössere Friktionen nur dann, wenn potentiell Betroffene genügend früh (um)geschult bzw. angelernt werden. Die untersuchten Technikapplikationen führen einmal mehr zum Schluss, dass heute eine in der Jugend absolvierte Berufsbildung keinen Anspruch darauf begründet, eben diesen Beruf in der erlernten Form ein Leben lang ausüben zu können. Aus- und Weiterbildung sind permanente Begleiter der beruflichen Arbeit.

Jede Unternehmung hat bei der Implementation eine Reihe von Handlungsoptionen, die nicht nur den Umgang der Benutzer mit der neuen Technologie angenehmer machen (z.B. Mischarbeitsplätze anstelle von hochspezialisierten Einzelarbeitsplätzen) sondern auch die Wirtschaftlichkeit positiv beeinflussen können. Insofern muss zwischen ökonomischer Rationalität und Humanisierung kein unüberwindlicher Gegensatz bestehen.

Literaturverzeichnis

- Agustoni, H. (1983): Szenarien: Technik oder Flop?; in: io Nr. 9, Zürich

- Alioth, A. (1976): Strategien der Einführung neuer Arbeitsformen, in: Zeitschrift für Arbeitswissenschaft, S. 83 ff.

- Alioth, A. (1980): Entwicklung und Einführung alternativer Arbeitsformen. Schriften zur Arbeitspsychologie, Band 27, Bern

- Alioth, A. (1983): Die Gruppe als Kern der Organisation, in: gdi (Hrsg.): Arbeit, Beispiele für ihre Humanisierung, Olten

- Anderheggen, E. (1980): Computerstatik und Methode der Finite Elemente, in: SIA Dokumentation Nr. 42: Die Rolle des Computers im Bauwesen der 80er-Jahre, Zürich

- Angermaier, M./Burr, M./Weber, U. (1983): Rechnereinsatz in der Konstruktion (CAD): Technologieberatungsstelle, Oberhausen

- Arbeitsgesetz 1964: Bundesgesetz über die Arbeit in Industrie, Gewerbe und Handel vom 13. März 1964

- Auger, B. (1972): Der Architekt und der Computer, Teufen

- Barnett, J. (1965): Computer-Aided-Design and Automated Working Drawings, in: Architectural Record, Oktober

- Baumgarten/Gerken/Hämmerling/Riepl (1982): Datenverarbeitung für Architekten, Stuttgart

- Bautechnische Zeichnerberufe (1981): Zur Berufswahl, Heft 2

- Bechmann, G./Vahrenkamp, R./Wingert, B. (1979): Mechanisierung geistiger Arbeit, Frankfurt/New York

- Bierig, G. (1983): Akzeptanz, eine unternehmerische Aufgabe, in: Technische Rundschau Nr. 25

- Bösherz, F. (1981): Die Arbeitsvorbereitung, Stuttgart

- Brandt, G./Kündig, B./Papadimitriou, Z./Thomae, U. (1978): Computer und Arbeitsprozess, Frankfurt/New York

- Browa, H. et al. (1982): Auswirkungen der technischen Entwicklung in der Mikroelektronik auf Wirtschaft und Arbeitsmarkt in der Schweiz, Branchenanalysen, 3 Bde, Basel

- Browa, H. (1984): Auswirkungen der technischen Entwicklung in der Mikroelektronik auf Wirtschaft und Arbeitsmarkt in der Schweiz, Diessenhofen

- Bundesanstalt für Arbeitsschutz und Unfallforschung Dortmund (1980): Bildschirmarbeitsplätze, in: Schriftreihe Arbeitsschutz, Nr. 22, Dortmund

- Buschhaus, D. (1978): Problemanalyse zur Neuordnung der Berufsbildung für technische Zeichner, Teil 2, Bundesinstitut für Berufsbildung (Hrsg.), in: Berichte zur beruflichen Bildung, Heft 8

- Buschhaus, D./Gerlach, J.-R./Goldgräbe, A. (1980): Problemanalyse zur Neuordnung der Berufsbildung für Technische Zeichner, Teil 3, in: Berichte zur beruflichen Bildung, Heft 28

- Cooley, M. (1978): Computer Aided Design, sein Wesen und seine Zusammenhänge, Stuttgart

- Cooley, M. (1982): Produkte für das Leben statt Waffen für den Tod, Reinbek b. Hamburg

- Cooper, C.L. (1981): Stress auf verschiedenen Stufen der Managementshierarchie, in: Frese M (Hrsg.): Stress im Büro, Bern

- Diethelm, R. (1984): Rückstand in EDV-Ausbildung rasch verkleinert, in: Mikroelektronik in der Schweiz, Sonderdruck Tages Anzeiger, Zürich

- Dobler, A. (1982): CAD-Einsatz in der Maschinenindustrie, in: Schweizerischer Automatikpool (Hrsg.): CAD-Konstruktion mit Computer, SAP-Publikation Nr. 8

- Dostal, W. (1982): Fünf Jahre Mikroelektronik-Diskussion, in: MittAB Nr. 2

- Dysli, M. (1980): Evolution oder Revolution der Hardware, in: SIA Dokumentation 42: Die Rolle des Computers im Bauwesen der 80er-Jahre, Zürich

- Eigner, M./Maier, H. (1982): Einführung und Anwendung von CAD-Systemen, München

- Ekardt, H.P. (1978): Entwurfsarbeit. Organisations- und handlungstheoretische Ansätze zur soziologischen Arbeit von Bauingenieuren im Tragwerkentwurfsbereich, Diss. TH, Darmstadt

- Engeli, M. (1978): "4 Zeichnungen kosten 60 Franken", in: Aktuelles Bauen, November

- ETH Zürich (1983): Akademische Ausbildungsgänge in der Schweiz, Abteilung für Architektur (I), 5. Auflage, Zürich

- ETH Zürich (1983): Akademische Ausbildungsgänge in der Schweiz, Abteilung für Bauingenieurwesen (II), 7. Auflage, Zürich

- Finne, H. (1983): The Designer and his Job in the Face of Integration CAD/CAM-Systems, in: IFAC "Design of work in automated manufacturing systems", Karlsruhe (zit. nach Hoss et al.)

- Fischer, F. (1981): Vom architektonischen Wurf zum EDV-Programm, in: Aktuelles Bauen, Mai

- Friedrich, J. (1980): Computerunterstütztes Konstruieren, Folgen für die angestellten Ingenieure, in: AFA-Informationen, Band 2

- Friedrichs, G. (1982): Mikroelektronik und Makroökonomik, in: Friedrichs, G./Schaff, H. (Hrsg.): Auf Gedeih und Verderb, Mikroelektronik und Gesellschaft, Bericht an den Club of Rome, Wien

- Fries, H.P./Otto, G.C. (1982): Industrielle Betriebswirtschaftslehre, Braunschweig

- Gomez, P./Escher, F. (1980): Szenarien als Planungshilfe, in: io Nr. 9, Zürich

- Guttropf, W. (1984): Aus- und Weiterbildung Elektronik/Mechanik in einer ganzheitlichen Betrachtungsweise, Manuskript, SAP-Symposium vom 10. Februar

- Haas, W.R. (1983): CAD in der Bautechnik - eine Uebersicht, in: VDI-Berichte 492

- Hartig, D. (1983): EDV-Einsatz in der Bauvorbereitung grosser Bauunternehmungen, in: Ekardt, H.P. (Hrsg.): Bauingenieure und Rationalisierung, Kassel

- Helmuth, J. (1976): Techniken und Methoden der Entwurfslehre und des Entwerfens von Gebäuden, Hannover

- Herbert, F. (1983): Computer Graphics, in: Technische Rundschau 28, Juli

- Herbert, F. (1984): "Die CAD '84 in Brighton", in: Technische Rundschau, Nr. 37, S. 3

- Hoesli, B./Jansen, J./Luce, S./Stöckli, T. (1982): Versuche mit dem Computer als Hilfsgerät beim Entwerfen und Unterrichten, ETHZ, Zürich

- Hoss, D./Gerhardt, H.-U./Kramer, H./Weber, A. (1983): Die sozialen Auswirkungen der Integration von CAD und CAM, Vorstudie eines RKW-Projektes, Frankfurt

- Howard, W.J. (o.Jg.): Implementing Change: The Crisis in Middle Management, unveröffentlichtes Manuskript

- Hüppi, W. (1983): CAD, Computer Aided Design, in: Bauhandbuch Band 3, CRB, Zürich

- Industriegewerkschaft Bau-Steine-Erden (Hrsg.) (1981): Rationalisierung im Angestelltenbereich der Bau- und Wohnungswirtschaft, Information, Frankfurt

- Ingenieurschule beider Basel (HTL) (o.Jg.): Programm 1982, Muttenz

- Knetsch, W./Baaken, T. (1983): Veränderungen der beruflichen Qulifikation durch neue Technologien am Beispiel CAD/CAM, in VDI (Hrsg.), Berlin

- Knight, K. (1968): Evolving Computer Performance 1963-1967, in: Datamation 14, S. 31

- Kramel, H.E. (1983): CAD und die Suche nach Problemen, in: Aktuelles Bauen, Januar

- Kühn, M. (1980): CAD und Arbeitssituation, Untersuchungen zu den Auswirkungen von CAD sowie zur menschengerechten Gestaltung von CAD-Systemen, Berlin-Heidelberg

- Laage, G. (1978): Handbuch der Architekturplanung, Stuttgart

- Manske, F./Wobbe-Ohlenburg, W. (1983): Computereinsätze im Bereich technischer Angestellter, in: WSI-Mitteilungen Nr. 2

- Mattenberger, P. (1984): Quelques notions fondamentales en informatique, in: Ingénieurs et architectes Suisse, no. 11

- Mellerowics, K. (1958): Forschungs- und Entwicklungstätigkeit als betriebswirtschaftliches Problem, Freiburg im Breisgau

- Merten, C.V. (1979): Rechnerunterstützter Hochbauentwurf - Stand und Tendenzen der Entwicklung, in: OeVD 1 - 2

- Michel-Alder, E. (1980): Arbeit, die abstumpft, verdummt und krank macht, in: Tagesanzeiger Magazin Nr. 34

- Mickler, O. et al.: Industrieroboter, Bedingungen und soziale Folgen des Einsatzes neuer Technologien in der Automobilproduktion, in: BMFT (Hrsg.), Schriftenreihe "Humanisierung des Arbeitslebens", Bd. 13

- Muggli, Ch. (1984): Der grosse Bruder kommt ..., in: SHZ, Nr. 18

- Müller, J. (1980): Operationen und Verfahren des problemlösenden Denkens in der Konstruktion technischer Entwicklungsarbeit - eine methodische Studie, in: Kühn, M.: CAD und Arbeitssituation, Berlin

- Müller, W.R. (1983): Der Mensch und seine Arbeit, in: NZZ Nr. 100, 30. April/1. Mai

- Niemann, H./Seitzer, D./Schüssler, H.W. (Hrsg.): Mikroelektronik, Information, Gesellschaft, Berlin-Heidelberg

- Novotny, F. (Hrsg.) (1982): Bürogestaltung und Gesundheit, in: Planconsult Bericht Nr. 6, Baden-Baden

- Obermann, K. (1983): CAD/CAM Handbuch '83, München

- Pawelski, M. (Hrsg.) (1984): Leitfaden für Architekten. Rechnergestütztes Zeichnen und Entwerfen, Hamburg

- Personal-Computer-Lexikon (1982): Herausgegeben von Rolle, G., Haar

- Personaldienst der Ciba-Geigy AG (Hrsg.) (1981): Berufsbild des Hochschulchemikers in der Schweizer Industrie, Basel

- Planconsult (1978): Empfehlungen für Architektur-Wettbewerbe, Basel

- Pournelle, J. (1983): The next five years in Microcomputers, in: Byte, September

- Rationalisierungs-Kuratorium der Deutschen Wirtschaft (RKW)/Gesamthochschule Kassel (1983): RKW-Handbuch Mikroelektronik, Berlin

- Roth, S. (1983): Mensch am Computer - Mensch im Computer, Bildungsbaustein CAD/CAM, IG-Metall (Hrsg.)

- Schweizerische Fachschule für Betriebsfachleute (SFB) (o.Jg.): Ausbildung zum Betriebstechniker, Schulprogramm 1983/84, Zürich

- SIA (1971): Hochbauzeichner, Hochbauzeichnerein. Ein Berufsbild, Zürich

- SIA (1980): Der Tiefbauzeichner. Ein Berufsbild, Zürich

- SIA Dokumentation 65 (1983): EDV-Einführung im Architekturbüro, Zürich

- SIA (1984): SIA 102, Ordnung für Leistungen und Honorare der Architekten, Zürich

- SMUV/GBH (1982): CAD, Computer Aided Design, Neue Technologien im Konstruktionsbüro, Zürich

- Sock, E.F. (1984): Grafische Datenverarbeitung, in: Output Nr. 5

- Spinas, P./Troy, N./Ulich, E. (1983): Leitfaden zur Einführung und Gestaltung von Arbeit mit Bildschirmsystemen, München/Zürich

- Schnirel, K./Turnherr, B. (1984): CAD-Einsatz in der industriellen Grossunternehmung, in: Output Nr. 4

- Schütte, H. (1983): Wirtschaftliche und politische Aspekte des Computereinsatzes, in: L. Zimmermann (Hrsg.): Computereinsatz, Auswirkungen auf die Arbeit, Reinbek b. Hamburg

- Stanek, J. (1983): CAD-Einführungen gut planen, in: Technische Rundschau, Nr. 4, S. 21-23

- Stanek, J. (1984): Geometrieverarbeitung in CAD-Systemen, in: Output Nr. 5

- Staudt, E. (1982): Entkopplung in Mensch-Maschine-Systeme, Flexibilisierung von Arbeitsverhältnissen durch neue Technologien, in: zfo Heft 4

- Stewart, R. (1971): How Computers Affect Management, London

- Stooss, F./Troll, L. (1982): Die Verbreitung "programmgesteuerter Arbeitsmittel", in: MittAB Nr. 2

- Studer, T. (1983): Das Berufsbild des Chemikers im Wandel der Zeit, in: Swisschem 5

- Troy, N. (1981): Technik und Mensch: Gegeneinander oder miteinander?, in: Zeitschrift für Sozialpsychologie und Gruppendynamik

- Troy, N./Ulich, E. (1982): Die Arbeit am Bildschirm - Probleme und wie man sie bewältigt, in: Novotny, F. (Hrsg.): Bürogestaltung und Gesundheit, S. 125-152, Baden-Baden

- Ulich, E. (1978a): Humanisierung am Arbeitsplatz, in: Rich, A./Ulich, E. (Hrsg.): Arbeit und Humanität, Königstein/Ts

- Ulich, E. (1978b): Ueber das Prinzip der differentiellen Arbeitsgestaltung, in: io Nr. 12

- Ulich, E. (1983): Abkehr vom Fliessband, in: gdi (Hrsg.): Arbeit, Beispiele für ihre Humanisierung, Olten

- Ulich, E./Baitsch, Ch./Alioth, A. (1983): Führung und Organisation, in: Die Orientierung, Schweiz. Volksbank, Nr. 81

- UVG (1981): Bundesgesetz über die Unfallversicherung vom 20. März

- VDI (Hrsg.) (1983): Veränderung der beruflichen Qualifikation durch neue Technologien am Beispiel CAD/CAM, Bern

- Vögeli, F. (1966): Die Arbeitszufriedenheit von Konstrukteuren, eine empirische Untersuchung, Diss., St. Gallen

- VSM, Verband Schweizerischer Maschinen-Industrieller: Mikroprozessoren, Mikroelektronik, Dokumentation

- VSM, Verband Schweizerischer Maschinen-Industrieller (1982): Basisinformationen über die schweizerische Maschinen- und Metallindustrie, Zürich

- Weltz, F (1982): Arbeitsgestaltung an Bildschirmarbeitsplätzen aus sozialer Sicht, in: AFA-Informationen Nr. 32

- Walder, U. (1983): CAD als integrales Planungsinstrument, in: Aktuelles Bauen, Dezember

- Walder, U. (1984): Computereinsatz in der Projektierung und Ausschreibung von Bauwerken, in: SIA Dokumentation 75: Computerunterstütztes Bauen, Zürich

- Whisler, T.L. (1970): The Impacts of Computer on Organizations, New York

- Wiegand, J. (1983a): Elektronisch multiplizierte Hässlichkeit, in: Aktuelles Bauen, März

- Wiegand, J. (1983b): Computereinsatz im Architekturbüro, in: Aktuelles Bauen, Mai

- Wiesand, J./Fohrbeck, K./Fohrbeck, D. (1984): Beruf Architekt, Stuttgart

- Wingert, B. (1980): Auswirkungen des technischen Wandels auf berufliche Qualifikation am Beispiel CAD, in: Wilhelm, R. (Hrsg.): CAD-Fachgespräch GI, Informatikfachberichte 34, Berlin et al.

- Wingert, B./Duus, W./Rader, M./Riehm, U.: CAD-Einsatz im Maschinenbau: Wirkungen, Chancen, Risiken; Kernforschungszentrum Karlsruhe, hektographiert (erscheint demnächst als Buch)

- Winke, J. (1984): Ergonomische Anforderungen an ein CAD-System, in: Pawelski, M. (Hrsg.): Leitfaden für Architekten, Hamburg

- Wittwer, H. (1983): Künstliche Intelligenz, in: Output Nr. 7

- Wörgerbauer, H. (1942): Die Technik des Konstruierens, München; zit. nach Vögeli (1966)

- Zimmermann, L. (Hrsg.) (1982): Humane Arbeit - Leitfaden für Arbeitnehmer, 5 Bde, Reinbek b. Hamburg

- Zur Berufswahl (1979): Mechanikerberufe, Heft 4

- Zur Berufswahl (1981): Bautechnische Zeichnerberufe, Heft 2

- Zur Berufswahl (1982): Berufe in der Maschinenindustrie, Heft 1

DAS NATIONALE FORSCHUNGSPROGRAMM 15 "ARBEITSWELT: HUMANISIERUNG UND TECHNOLOGISCHE ENTWICKLUNG"

Forschungsbereich 1
Der Stellenwert der Arbeit in der kommenden Generation

In diesem Bereich befassen sich zwei Projekte mit der Entwicklung der Arbeitswerte bzw. mit dem Einfluss von gesellschaftlichen Veränderungen auf die Arbeitsorientierung in der Schweiz.

Forschungsbereich 2
Schutz der Gesundheit – neue Ansätze

Schutz der Gesundheit wird hier als Vermeidung von chemischen, physikalischen oder biologischen Gefährdungen des Arbeitnehmers verstanden. Eine Vielzahl wissenschaftlicher Erkenntnisse liegt international in diesem Bereich bereits vor. Die Projekte untersuchen hier in ausgewählten Bereichen neue Ansätze für den Gesundheitsschutz:

- Weiterführende ergonomische Analysen der Arbeit am Bildschirm unter besonderer Berücksichtigung von Rücken- und Nackenbeschwerden.
- Arbeitssicherheit bzw. Unfallursachen im Baugewerbe unter dem Gesichtspunkt der Belastung und Beanspruchung sowie der Arbeitsgestaltung.
- Schutz vor chemischen Risiken im Gewerbe durch verbessertes Risikomanagement (toxikologische Produkteinformation, praktikable Schutzvorschriften, Ausbildungsmassnahmen usw.).
- Entwicklung eines Biomonitors für aromatische Amine zur toxikologischen Ueberwachung in der chemischen Industrie.

Forschungsbereich 3
Arbeitszeitgestaltung

Im Zusammenhang mit der technologischen Entwicklung sowie mit der gegenwärtigen Entwicklung des Arbeitsmarktes ist die Arbeitszeitgestaltung zu einem zentralen Diskussionsgegenstand geworden. In diesem Bereich steht vor allem die Frage der Individualisierungsmöglichkeiten von Arbeitszeit im Vordergrund:

- Individuelle Arbeitszeitgestaltung: Zwei betriebliche Fallstudien (Dienstleistungsbetrieb bzw. Industriebetrieb).
- Gründe für Akzeptanz bzw. Ablehnung von alternativen Arbeitszeitmustern oder individuell verkürzter Arbeitszeiten auf Seiten der Betriebe und der Gewerkschaften.
- Möglichkeiten zur Verminderung von Schicht- und Nachtarbeit durch technologische und organisatorische Massnahmen.

Forschungsbereich 4
Neue Technologien in Dienstleistungen und Produktion

Neue- d.h. insbesondere computer - bzw. mikroprozessorgesteuerte - Technologien finden zunehmend Einzug in Dienstleistung und Produktion zwecks Automatisierung operativer Abläufe. Der Einsatz dieser Technologien kann - unbeabsichtigt - zur Verarmung der damit verbundenen Arbeitstätigkeiten führen und höhere oder einseitige Belastungen hervorrufen. Die Einführung neuer Technologien kann aber auch als Option genutzt werden, um die Arbeit zu bereichern und bestehende Belastungen abzubauen:

- Arbeitsgestaltung und Büroautomation in zwei betrieblichen Feldern (Textverarbeitung sowie computerunterstützte Sachbearbeitung).
- Entscheidungs- und Einführungsprozesse beim Einsatz von Industrierobotern unter besonderer Berücksichtigung der Arbeitsgestaltung.
- Auswirkungen der Einführung von CAD auf die Tätigkeitsprofile der Anwender.
- Möglichkeiten und Grenzen elektronischer Heimarbeit unter Berücksichtigung der Auswirkungen auf die berufliche Identität.
- Analyse und Gestaltungsmöglichkeiten der Kassenarbeit in Selbstbedienungsläden unter dem Einfluss neuer Technologien (Scanner).

Forschungsbereich 5
Transparenz und Partizipation bei Neuerungen - insbesondere bei der Einführung neuer Technologien

Ob mit der Entwicklung von Neuerungen und speziell mit der Einführung neuer Technologien Humanisierungsprozesse ausgelöst werden können, ist mit davon abhängig, auf welche Weise diese Neuerungen entwickelt und eingeführt werden:

- Möglichkeiten und Grenzen von sogenannten Qualitätszirkeln, Arbeitskreisen oder Lernstätten zur Förderung von Kompetenz und Innovation bei den Mitarbeitern.
- Betriebliche und vertragliche Möglichkeiten der Mitbestimmung bei der Einführung neuer Technologien im schweizerischen Kontext.
- Betrieblich spezifische Führungskonzeptionen, Humanisierung der Arbeit und Einsatz neuer Technologien aus der Sicht von Führungspraktikern.

Adresse der Programmleitung:
NFP 15, ETH-Zentrum
Nelkenstr. 11
8092 Zürich